操縦のすすめ

上巻・グライダー編

監修：醍醐将之
著者：岩澤ありあ

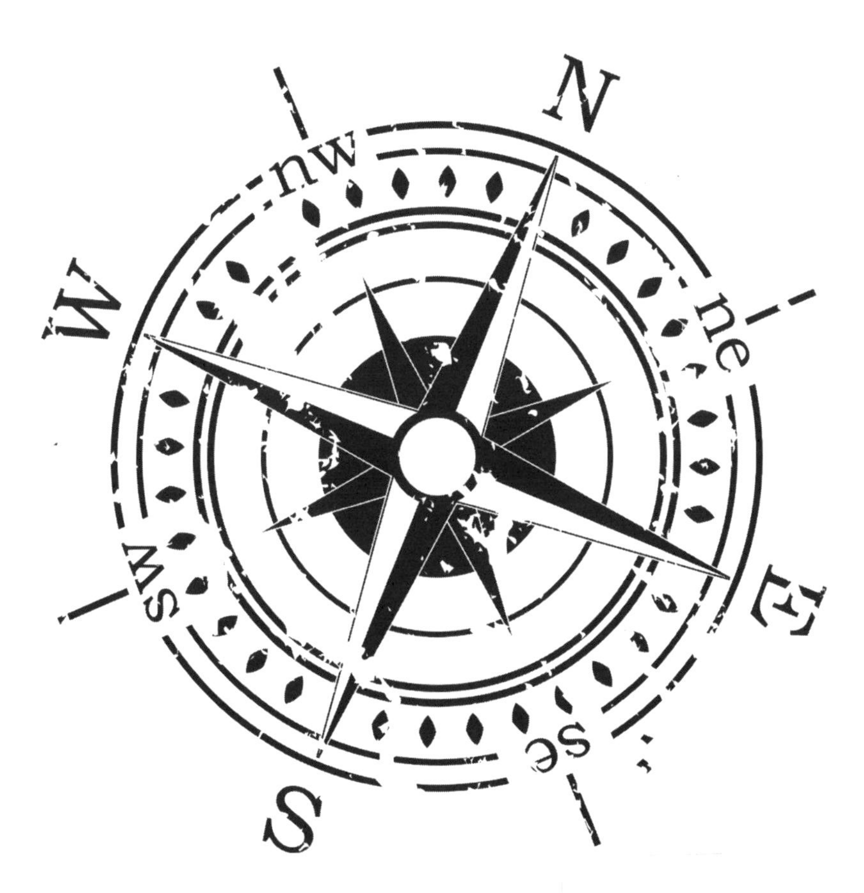

鳳文書林出版販売

The spirit's wings will not change our shape:
Our body grows no wings and cannot fly.
Yet it is innate in our race
That our feelings surge in us and long
When over us, lost in the azure space
The lark trills out her glorious song;
When over crags where fir trees quake
In icy winds, the eagle soars,
And over plains and over lakes
The crane returns to homeward shores.

Goethe, "Faust"

魂が欲する翼は私たちの姿を変えるわけではない：
私たちの身体に翼は生えておらず、飛翔することはできない.
しかし、感情が渦巻き、空を飛びたいと切望する気持ちは
人類が天から授かったものである
紺碧の空間に彷徨い、その衝動が抑えられなくなった時
雲雀が荘厳に歌い出す；
樅の木が揺れる険しい岩山を超え
冷たい風のなか、鷲は舞い、
平野を超え　湖を超え
鶴は故郷の岸辺に舞い戻る

ゲーテ、『ファウスト』

目次

目　次

序章１　なぜ本書の執筆に至ったか（上下巻共通）

パイロットになりたい人のためのバイブル。そんな本になってほしいという願いのもと、本書の執筆に至りました。この本の読者の対象は、空を飛びたいと夢見る人、パイロットになりたいと志望する人、子どもがパイロットになりたいと困っている親御さん、一度は夢をあきらめた人、パイロット不足に悩む航空宇宙分野の業界人を想定しています。

日本で職業パイロットになるためには、民間航空会社の自社養成課程に合格するか、国土交通省管轄の航空大学校に合格するか、あるいは自衛隊に行くなど、極限られた選択肢しかありませんでした。それは、今でもおおよそ正解です。しかし、実は16歳からパイロットの資格が取れることは意外と多くの人に知られていません。「えっ！」と驚く方もいらっしゃるかもしれませんが、オートバイ（原付・自動二輪）と同様の年齢で「自家用操縦士」の資格取得が可能です。しかも、オートバイより早く14歳から訓練を開始することが可能です。

「高く、遠くへ、速く」これらを満たしてくれる行為、それが「飛ぶ」ということです。動力による飛行が始まってからまだ100十数年ですが、その技術発展には目覚ましいものがあります。一方、操縦においては航空機の自動化が進み、いくら技術が発展しようとも、その機体に搭乗するパイロットはどの時代もゼロから育成しなければなりません。たった一羽だけ、群れと違うことをしようと奮闘するカモメの姿を描いた世界の大ベストセラー『かもめのジョナサン』の著者、航空作家リチャード・バック氏は書籍『翼の贈り物』で、「いくら技術が発達してもパイロットはゼロから教育しないといけない。その教官と訓練生の絆が翼の贈り物だ」というメッセージを伝えています。

本書は、操縦に関しての教本や専門書ではなく、空を飛ぶ魅力や「空を飛びたい！パイロットになりたい！」という目標を実現するまでの道筋や方法を紹介するものです。中学生からでも空を飛べる環境が日本にあることを紹介し、計器飛行を除く小型飛行機などを操縦できる自家用操縦士までの道案内書です。

類は友を呼ぶではありませんが、自身の資格取得後はさまざまなフライト人生を歩んでいらしたパイロットの方と出会い、面白い話や貴重な話を聞くことのできる機会が増えました。しかし、それは未成年がなかなか参加できない場であったりもします。かつて、10代の頃の筆者ならどんな情報を知りたかったかという原点に立ち戻って本書の内容をまとめました。「空を飛ぶことって特別なこと！選ばれし者しか飛べない！」と思い込んでいる方も多いかもしれませんが、決してそんなことはありません。筆者もかつてはそう思っていましたが、筆者が16歳から空を飛んでいた方に相談したところ、2012年に学生航空連盟創立60周年祝賀会に連れて行ってくださり、約80名のパイロットの方とお会いしてから「空を飛ぶには強い意志は必要だけれども、特別なことではない」と考えが一変しました。空を飛びたいと夢をみる人が、一人で孤軍奮闘して悩んでいる姿が時々脳裏に思い浮かびます。本書では、これから空の世界を目指したいと思う人に対して未来への応援メッセージを送るため、さまざまな空の飛び方を体現してきた先輩パイロットの声をご紹介しています。今までありそうでなかったアプローチで自家用操縦士の資格取得方法を分かりやすくまとめご紹介し、少しでもすそ野が広がり、日本の航空文化が豊かになり、次世代のパイロットが育つ一助になればと思います。

序章２　本書の読み方（上下巻共通）

よく聞く「アビエーション（aviation）」という言葉。この言葉はラテン語を由来としたフランス語「avier」という動詞の造語を基にしています。「avier」は「飛ぶ（to fly）」を意味し、ラテン語の名詞「avis（鳥）」と接尾語「-ation」を組み合わせた単語です。一般的に「空の飛び方」は目的別に3種類に分類されています。第一が軍事目的の「ミリタリーアビエーション」、第二が旅客機などの定期便を中心とした「エアラインアビエーション」、第三がそれ以外の飛行を指す「ジェネラルアビエーション」です。「ジェネラルアビエーション」は、日本では「ジェネアビ」と短縮して呼ばれることも多くあります。たとえ職業としてではなくても大勢の人が空を楽しめるのが、一般の人にも開かれたジェネラルアビエーションの世界です。アメリカ、オーストラリア、ヨーロッパなどの航空先進国ではジェネラルアビエーションから職業パイロットが育成される傾向がありますが、海外と比べると日本の裾野はさほど大きくありません。本書の目的は、日本のジェネラルアビエーション、つまり草の根の航空文化を豊かにすることです。したがって、本書ではパイロットと言っても「自家用操縦士」の資格について中心的に解説し、職業用資格については触る程度に留めています。また、筆者の経験より「固定翼機パイロット」に関する内容に軸を置いています。上巻では、空への入門として「グライダー飛行」をすすめる内容となっています。

筆者は航空業界で働いたこともなく、飛行経験もまだ浅いものです。そのため、空を飛ぶことをテーマに本を執筆することに当初はためらいもありました。どちらかというと、「飛びたい！」、「空が好き！」という思いだけで突っ走ってきたからです。そのため、歩んできた道のりもデコボコのものでした。そして、訓練生としては出来がよくありませんでした。筆者は比較的遅く「空」の世界に入ったため、なかなか思うように時間がとれず、訓練開始から一人で飛ぶ単独飛行に出るまで約5年も掛かりました。しかし、筆者を空の世界に紹介してくださった方から「君は飛べない人の気持ちを知っている」、「初心者の気持ちに寄り添えるのは経験が浅い今が一番」という言葉に上手くおだてられ、自身が多くの方に助けていただいたように、筆者の体験が今後パイロットを目指したいと思う人の役に立つことが少しでもあればと思うようになりました。そのような諸事情から約10年近くも経って、本書の執筆に取り組むまでに至りました。この間、空を飛んでいなかったら絶対に会えることのない方々とのご縁に恵まれ、大きな財産となりました。そして、本書では空を飛びたいと志望する人と今まで筆者が出会ってきた先輩パイロットを結びつける「究極のハンガートーク」を展開しています。ハンガートークとは、パイロット仲間や整備士などがハンガー（格納庫）でさまざまな空の体験談を共有することを意味します。

実際の操縦に関しては必ず資格を持っている教官から教わってください。本書はあくまで自家用操縦士資格を取得するまでの道筋や日本でパイロットになりたいと思った時、どのようにすれば実現に近づけるかをご紹介するものです。提示している情報は、多くが2018～2020年時点のものです。少しでも疑問に思うことがありましたら、その都度最新情報を確認してください。空の世界にもこんな魅力や楽しみ方があるのだと、空を飛ぶきっかけとして本書をお役立ていただければこの上ない喜びです。今、本書を手に取って読んでいるという時点で、読者の方は飛ぶ素質を十分に備えています。

本書を通じて「空を飛ぶって夢があるけど本当に大丈夫なの？漠然とした夢を具体的な目標に変えるためにはどのように行動すれば良いの？」という不安を解消していただき、はじめの一歩を踏み出すきっかけとして本書をご参考にしていただければ嬉しく思います。

序章３　上巻の構成

オーストラリアでグライダー（滑空機）のクロスカントリー飛行を経験した時、オランダ人のカップルと出会いました。二人とも旅客機ボーイング767の機長でした。普段はバスを運転しているけれども、毎年お正月にはスポーツカー（グライダーの高性能機）をドライブしに行く感覚でオーストラリアを訪れているとのことでした。アポロ11号で人類初の月面着陸を成し遂げたニール・アームストロング船長も、馬力や推力が大きい機体を数知れず操縦してきましたが、後年辿り着いたのはグライダー飛行でした。少なくとも、アメリカ、イギリス、オーストラリア、カナダなど、調査した4ヵ国の空軍や民間航空会社では、操縦訓練の初期課程でグライダーを積極的に導入しています。筆者は幸か不幸か、紹介者の好意か意地悪か、一番難しいグライダー飛行（スポーツカー）から空の世界に入りました。たまに紹介者に会うことがありますが、いつも同じことを言われます。「正直、最初に滑空場に連れて行ってから、こんなにも続くとは思わなかった…」と。

本書の第1章では空を飛ぶこと、第2章ではパイロットになるための必要最低限の条件についてご紹介しています。第3章ではグライダー全般について説明しています。第4章では、日本とオーストラリアでの飛行体験談をまとめています。そして、第5章ではグライダーでさまざまな飛び方を体現されてきた先輩パイロットの声を読者のみなさまにお届けしています。第6章では、具体的にどのようにすればグライダーの自家用操縦士の資格を取得できるか詳細をお伝えしています。最後に第7章では、飛び始めるきっかけを掴むための最後の一押しとして、はじめの一歩を提示しています。ぜひ本書をきっかけに、グライダー飛行の魅力について触れていただければと思います。

第１章　空を飛ぶということ

質問. 空を飛びたい大志を表す言葉は？

空の世界に親しむようになると、よく「ザ・スカイ・イズ・ザ・リミット（The Sky is the Limit）」という言葉を見聞きするようになります。英語は直接的に表現することの多い言語ですが、この言葉は珍しく、直訳の「空が限界だ」とは裏の意味を持っている面白い表現です。空には端がなく、無限だという暗黙の了解が、実はこの言い回しの裏にあります。「端のない無限の空」が「限界」だということは、「制限なし、天井知らず、上限がない」ことを意味します。空が果てしなく無限であるように、夢も大志も果てしなく無限に大きいものです。(*1) 空の世界は、「挑戦」、「勇気」、「自由への渇望」、「喜び」など、さまざまな感情も包み込みます。空にも、空を飛びたいという志にも、無限の可能性が秘められています。

質問. 空の世界に足を踏み入れると心にどんな変化が起きるの？

空の世界に一度足を踏み入れると、そこから抜け出せなくなる魅力があります。先人たちは、その気持ちを次のような言葉で表現してきました。

> "Once you have tasted flight, you will forever walk the earth with your eyes turned skyward, for there you have been, and there you will always long to return."
>
> 「飛ぶことを一度経験すると、あなたは一生、空を見上げながら大地を踏みしめることになる。
> なぜなら、あなたは一度その場を体験し、そこに戻りたいといつも心から望むようになるから。」
> - レオナルド・ダ・ヴィンチ

> "Aviation is not so much a profession as it is a disease."
>
> 「飛行は専門職というより一種の病である。」
> - 空の格言集 "Slipping the Surly Bonds：Great Quotations on Flight"

また、宇宙飛行士の伝記に"TOO FAR FROM HOME –A story of Life and Death in Space（故郷より遠すぎて -宇宙における生死の物語-）"（未邦訳：クリス・ジョーンズ、Doubleday、2007年）という本があります。題名は一見、地球から遠く離れ、地球を懐かしむ宇宙飛行士の心境を表しているかのように思います。しかし、本を読み進めるにつれ「故郷」が「地球」ではなく、「宇宙」であることが分かります。本の題名は実は、宇宙に戻りたいと切望する宇宙飛行士の気持ちを表しているのです。空を飛ぶと、誰もが「空」が故郷になってしまいます。

質問.「翼の贈り物」とは？

世界の大ベストセラー『かもめのジョナサン』を執筆した航空作家リチャード・バック氏は、『翼の贈り物（原題：A Gift of Wings）』（新庄哲夫訳、新潮社、1975年）という作品を発表しています。小説のなかで「翼の贈り物」とは、教官から教わる操縦技術だけでなく、飛行を通じて教官が訓練生に教える生き様のことも指しています。いくら技術が発達しようとも、空を飛ぶパイロットは必ずゼロから育てなければなりません。飛ぶことを最初に教えてくれた教官に訓練生は一生恩返しができないけれども、その知識・技量や人生や飛行に対する態度、つまり「翼の贈り物」を次世代に伝えていくことの素晴らしさを伝えています。一代では築けない夢や目標を、次世代に繋げていく。空を飛ぶことは、そんなことも私たちに教えてくれます。

> "About the way that those of us fly have our debts to pay. There's no direct repaying our first flight instructor, for giving a new direction to our lives. We can only pay that debt by passing the gift along, that we were given; by setting it in the hands of one searching as we searched for our place and freedom."
>
> 「空を飛ぶ私たちには借りがある。人生の新しい方向性を最初に私たちに教えてくれた教官には直接恩返しすることはできない。私たちがその贈り物を受け取ったように、それを次の人に渡すことでしかその借りは返せない。私たちが自らの居場所と自由を求めたように、それらを探し求める人たちの手に、今度はその贈り物を手渡すことだ。」-リチャード・バック

質問. 空を楽しむには、どのような方法があるの？

私たちは小学校から水泳、サッカー、野球、テニス、卓球、バスケットボール、バレーボール、バトミントンなどのスポーツを楽しみます。しかし、学校ではなかなかスカイスポーツに親しむ機会はありません。4年に1度に開催されるオリンピックを取りまとめるのが国際オリンピック委員会（IOC）であるとすれば、世界のスカイスポーツを取りまとめ、世界記録などを管理しているのが国際航空連盟（FAI）です。FAIは現時点、代表的なスカイスポーツを13部門に分類しています（表1-1参照）。地上に限らず、空の世界にも楽しめるスポーツがたくさんあります。

木漏れ日のなかで模型飛行機を調整する様子

猪苗代湖で飛ばす模型水上機

表1-1 FAIによるスカイスポーツの分類（引用：FAI）

分類	説明
模型航空機	競技会は1905年頃から存在。1930年代から徐々に人気を博す。1950年代からラジコン機が登場。第二次世界大戦前、イギリスとドイツで国際大会が開催された。1955年にアクロバット飛行部門が登場。1960年代にアメリカで摸型宇宙機の製作が始まり、1972年に摸型宇宙機の国際大会が開催された。部門は飛行機（レシプロエンジン、ジェットエンジン、電動化対応エンジン、太陽光発電対応エンジン）、水上機、グライダー、ヘリコプター、宇宙機に分類されている。
アマチュア製作機と実験機	アマチュア製作機と自作機の設計・製造・運用の推進とヴィンテージ航空機の復元を目的とする。
気球	距離、速さ、航法の精度を競い合う。各気球にGPS受信機が搭載され、インターネットで競技観戦できる。1906年にはじまり、1983年に復活した移動距離を競う気球レース「ゴードン・ベネット・カップ」が有名。
ドローン	FAIが認定している最新のスカイスポーツ。2019年に開催された国際選手権大会では、23種目の競技に何百人ものパイロットが参加。
ジェネラルアビエーション	ジェネラルアビエーションにおける世界記録と国際大会などの実施を目的とする。
グライダー（滑空機）	地元競技会で選抜されたパイロットは、2年に1度の頻度で開催されるヨーロッパグライダー選手権大会とグライダー世界選手権大会に参加できる。ヨーロッパグライダー選手権大会が開催される年には、26歳までのパイロットを対象とするジュニア選手権大会と女性を対象とする大会も開催される。女性の大会は家庭やさまざまな事情で一旦フライトから退いても、いつでも復帰できる環境を提供することを目的に設立された。セイルプレーングランプリシリーズ大会では、世界中の大会から選抜された優秀なパイロットが競い合う。グライダーにGPS受信機が搭載され、インターネットで競技観戦できる。
ハンググライダー	ハンググライダーとパラグライダーの世界記録と国際大会などの実施を目的とする。
超軽量動力機とパラモーター	超軽量動力機（米：マイクロライト、欧：ウルトラライト）とパラモーターの世界記録と国際大会などの実施を目的とする。
パラグライダー	ハンググライダーとパラグライダーの世界記録と国際大会などの実施を目的とする。
固定翼機のアクロバット飛行	第一次世界大戦前、アクロバット飛行は新しい機体を披露するために行われ、娯楽として大衆を魅了。その後、アクロバット飛行は軍に所属するパイロットの必須科目となり、戦闘で使われるようになった。近年は、どんな姿勢になっても機体を操縦できるよう、一般のパイロットでも操縦技術を高めるために行われるようになった。初めての競技は1936年、ベルリンオリンピックで開催された。第二次世界大戦後の1960年、第1回アクロバット飛行世界選手権大会が開催された。世界選手権大会は、飛行機部門は2年に1度、グライダー部門は毎年開催される。大陸選手権大会は、世界選手権大会が開催されない年に開催される。大会に参加するパイロットはFAIから選抜され、個人やチームとして競技に参加する。
スカイダイビング	パラシュートは1900年代初期、第一次世界大戦でパラシュート降下部隊の戦力として進化を遂げた。しかし、実際に「スカイダイビング」という言葉が定着し、国際航空連盟からスポーツとして認識されるようになったのは1950年代半ばに入ってから。(*2) 極限状態を求める人のための競技。身体能力とメンタルトレーニング、不断の努力、厳しい規律、想像力を必要とする。パラシュート降下とインドアスカイダイビングの世界記録と国際大会などの実施を目的とする。
回転翼航空機	世界初の選手権大会は1971年、ドイツのビュッケブルクで開催された。1980年代半ば以降、平均して3年に1度の頻度で開催されている。ヘリコプターの救難活動向上を図ることなどを目的とする。
宇宙	宇宙滞在期間や飛行距離や宇宙船の搭載重量など、有人宇宙飛行の活動を記録する。

質問. 空を飛ぶ「飛行機」ってなに？

「空を飛びたい！」の願いはさまざまな方法で実現できることを確認した上で、本書では固定翼機に絞って話を進めていきます。普段、私たちが何気なく言葉にしている「飛行機」という言葉は、法律では正確には「航空機」の仲間に分類されています。日本の航空法第二条では、「航空機」とは「人が乗って航空の用に供することができる飛行機、回転翼航空機、滑空機、飛行船その他政令で定める機器をいう」と、定義されています。航空機はその考え方によっていろいろな分類法がありますが、軽航空機と重航空機の二つに区別する方法があります（表1-2参照）。航空機全体における飛行機の位置づけを確認してみましょう。

表1-2 一般的な航空機の分類

大別分類	中別分類	小別分類	動力（エンジン）の有無
軽航空機		軽飛行船	動力あり
		気球	動力なし
重航空機	固定翼機	飛行機	動力あり
		グライダー（滑空機）	動力なし ※動力ありのモーターグライダーも存在する
	回転翼航空機	ヘリコプター	動力あり
		ジャイロプレーン	動力あり

質問. 向かい風に立ち向かうのがパイロット？

固定翼機の飛行機やグライダーは向かい風で離陸します。向かい風（逆境）にも立ち向かうのがパイロットとも言えるかもしれません。そのことを表現するために、「風は偉大なる者を燃え立たせる（The wind enkindles the great）」という言葉があります。この言葉は、風の前の小さい火は消え、大きい炎は燃え上がることを表わしています。転じて、「大いなる志を持っている者は逆境にも負けず偉大に奮い立つ」という意味で使われます。この言葉は1986年1月28日、スペースシャトル「チャレンジャー号」爆発事故により39歳で亡くなった日系アメリカ人のエリソン・オニヅカ宇宙飛行士の伝記の邦題にもなっています。逆境を乗り越えてきた大きな志を炎にたとえ、逆境にも負けない心の強さを持っていたからこそ夢を達成できたことを物語ります。

第２章　固定翼機で「空を飛びたい！」の夢を叶える

質問. 何歳から空を飛べるの？

日本で車を運転したいと思った時、普通自動車であれば18歳の誕生日を迎える数週間前から教習所に通い、18歳を迎えた時点で普通自動車運転免許を取得することができます。オートバイ（原付・普通二輪）の場合、16歳に達した時点で免許を取得することができます。大型二輪の場合は18歳です。では、操縦を習いたいと思ったとき、私たちは何歳から飛行訓練を始められるのでしょうか？エンジン付きの飛行機の場合、訓練開始は16歳以上、資格が取得できるのは17歳以上からです。一方、エンジンが付いていないグライダー（滑空機）で飛ぶ場合、訓練開始は14歳以上、資格が取得できるのは16歳以上からです。[(*1)] 空を飛びたいと思ったら、中学2年生または中学3年生からグライダーで飛ぶことが可能です。

質問. 日本の空を飛ぶルールは誰が決めているの？

飛行訓練の開始年齢に決まりがあるように、空を安全に飛ぶためのルールがあります。世界の空、そして日本の空も例外なく、管轄（権限の範囲における支配）があります。日本の空を管轄しているのは、国土交通省航空局（JCAB：Japan Civil Aviation Bureau）です。日本で飛ぶためには、学科試験、口述試験、実技試験などに合格しなければなりません。JCABはパイロットの資格取得のための試験や書類手続きを取りまとめています。また、新しい航空機の型式証明（新しく開発された航空機が一定の基準に適合していることの証明）なども行なっています。航空管制は、国家公務員である航空管制官が日本の空の交通整理を行なっています。日本の航空管制は他に、自衛隊管轄、米軍管轄があります。日本の国土交通省航空局（JCAB）に該当するのが、アメリカでは米国連邦航空局（FAA）、ヨーロッパでは欧州航空安全庁（EASA）、イギリスでは英民間航空安全庁（CAA）、オーストラリアではオーストラリア民間航空安全庁（CASA）、中国では中国民用航空局（CAAC）、香港では香港民間航空局（HKCAD）などです。日本がならっている空のルールは原則、航空発祥の地であるFAAとEASAの考え方です。

　他にも、世界の空には国際民間航空機関（ICAO）や国際運送航空協会（IATA）といった、すべての民間機や定期便のルールを決めている組織があります。また、航空機オーナーパイロット協会（AOPA）、国際女性航空（WAI）、日本航空機操縦士協会（JAPA）など、パイロットや空の職業に特化した団体などが国内外に存在します。

質問. パイロットの技能証明にはどのような種類があるの？

日本の航空法第二十四条では、パイロットの技能証明は資格別に、「自家用操縦士」、「事業用操縦士」、「准定期運送用操縦士」、「定期運送用操縦士」に分類されています。それぞれに航空機の「種類、等級、型式」があります（表2-1参照）。これらに加え、天気や視界条件が悪い時も飛べる型式限定の「計器飛行証明」やボーイング787型やエアバスA380型といったその機体特有の限定があります。そして、それぞれの航空機に応じて、飛行教官としての「操縦教育証明」があります。例えば、エアラインパイロットの場合、「自家用操縦士」から始めて、最終的に固定翼機パイロットの最高峰の資格である「定期運送用操縦士」を目指します。どの種類の航空機もすべての土台は「自家用操縦士」です。

表2-1　航空従事者の技能証明（引用：国土交通省）

航空機の種類	資格	型式	等級
飛行機	定期運送用操縦士 准定期運送用操縦士	構造上、その操縦のために二人を要する航空機又は国土交通大臣が指定する型式の航空機については当該航空機の型式ごとの限定 （例）ボーイング787型、 エアバスA380型など	-陸上単発ピストン機 -陸上単発タービン機 -陸上多発ピストン機 -陸上多発タービン機 -水上単発ピストン機 -水上単発タービン機 -水上多発ピストン機 -水上多発タービン機
	事業用操縦士 自家用操縦士		
飛行船	定期運送用操縦士	構造上、その操縦のために二人を要する航空機又は国土交通大臣が指定する型式の航空機については当該航空機の型式ごとの限定	※飛行機の等級に同じ
	事業用操縦士 自家用操縦士		
回転翼航空機	定期運送用操縦士	構造上、その操縦のために二人を要する航空機又は国土交通大臣が指定する型式の航空機については当該航空機の型式ごとの限定	※飛行機の等級に同じ
	事業用操縦士 自家用操縦士		
滑空機	事業用操縦士 自家用操縦士	※型式の限定はない ※初級滑空機及び中級滑空機(※1)については、技能証明を必要としない	-曳航装置なし 動力滑空機 -曳航装置付き 動力滑空機 -上級滑空機

(※1)：滑空機の種類(*2)

初級滑空機（プライマリー）：曲技飛行、航空機曳航およびウィンチ曳航に適さないものをいう。つまり、戦前日本で飛んでいたパチンコ打ち出し式のゴム索発航で飛んでいたグライダーなどを指す。

中級滑空機（セカンダリー）：曲技飛行及び航空機曳航に適さないものであって、ウィンチ曳航（自動車による曳航含む）に適するものをいう。

上級滑空機（ソアラー）：中級滑空機及び初級滑空機以外のものをいう。つまり、現代飛行訓練が行われている一般的なグライダーを指す。

動力滑空機：エンジンが付いている滑空機のことをいう。

質問. 技能証明（Certificate）と免許（License）の違いは？

パイロットであることの資格は正式には「免許（License）」とは言わず、「技能証明（Certification）」と言われています。免許は「一般的に“禁止”されているある特定のこと（この場合、航空機の操縦）を特別に行なってもいいですよ」という証です。一方、技能証明は「ある特定のことに関して、知識・技量が十分と認められたので扱っても良いですよ」という証です。そのため、操縦練習許可書（Student Pilot Certification）でも、教官の大丈夫だろうという判断のもと、訓練生は単独飛行に出ることができます。日本は米国連邦航空局（FAA）の考え方にならっているため、「技能証明（Certification）」であり、「免許（License）」ではありません。ちなみに、オーストラリアではパイロットの資格は「免許（Licence）」として発行されています。いずれにせよ、操縦の際、法律では技能証明の携帯義務があります。この表現には論争があって「FAAはパイロットライセンスを発行していません」という広告が出されて話題になったこともありました。つまり、FAAは航空機の操縦は“禁止”を前提にしているものではなく、アメリカには“空を飛ぶ自由がある”と訴えたかったという背景があります。

　また、もう一つ日本国内のパイロットに不可欠な資格が航空無線です。この資格は「技能証明」ではなく「免許」なので、操縦者は単独飛行に出る前に必ず資格を取得する必要があります。FAAやCASAなどでは管轄官庁が一緒のため、航空無線がパイロットの資格とセットになっていますが、日本では操縦士の資格は国土交通省、無線の資格は総務省と管轄官庁が分かれているため、「技能証明」と「免許」の区別が少しややこしくなっています。

質問. 日本とアメリカに固定翼機パイロットは何人いるの？

日本とアメリカの全人口に対する固定翼機パイロットの割合を確認してみましょう。航空大国のアメリカでさえ、全人口が約3億2775万人(*3)だとすると、自家用操縦士は全人口の0.05％、事業用操縦士は0.03％、定期運送用操縦士は0.05％です。割合でみると少なく感じますが、実際の人口でみると、自家用操縦士は約16万人、事業用操縦士は約10万人、定期運送用操縦士は約16万5,000人です（表2-2参照）。一方、日本は飛行機の自家用操縦士自体がとても少ないのが現状です。事業用操縦士、定期運送用操縦士は合わせて約1万人です（表2-3参照）。(*4)アメリカの人口は日本の約3倍ですが(*5)、自家用操縦士と定期運送用操縦士はそれぞれ約16倍もの差になります。

表2-2 アメリカの資格別 有効技能証明 2019年（引用：FAA Civil Airmen Statistics）

航空機	資格	人口
	レクリエーション用操縦士（のみ）[*]	127人
	スポーツ用操縦士（のみ）[*]	6,467人
飛行機[※1]	自家用操縦士	161,105人
	事業用操縦士	100,863人
	定期運送用操縦士	164,947人
回転翼航空機		14,248人
グライダー（のみ）[※2,3]		19,143人
		計 664,565人

[*]：レクリエーション用操縦士とスポーツ用操縦士は日本には存在しない資格。詳細については下巻を参照。

[※1]：飛行機（のみ）、回転翼航空機や滑空機の資格を重複して保有しているパイロットも含まれる。1995年まで、パイロットの飛行機の保有資格によって分類されていた。1995年以降、パイロットが保有している航空機の最上の資格に分類されるようになった。つまり、あるパイロットが飛行機の自家用操縦士と回転翼航空機の事業用操縦士を保有していたら、1995年までは自家用操縦士に分類され、1995年以降は事業用操縦士として分類される。

[※2]：全グライダーパイロット数は本書の表3-6を参照。

[※3]：アメリカのグライダーパイロットは航空身体検査が不要である。2002年以降、他の資格は保有しているが、有効な航空身体検査がないパイロットはグライダー（のみ）に数えられている。

表2-3 日本の資格別 技能証明発行数 2007年（引用：国土交通省）

航空機	資格	人口
飛行船	自家用操縦士	10人
	事業用操縦士	30人
飛行機	自家用操縦士	11,342人
	事業用操縦士	10,192人
	定期運送用操縦士	7,697人
回転翼航空機	自家用操縦士	4,726人
	事業用操縦士	5,056人
グライダー	自家用操縦士	7,043人
	事業用操縦士	250人
		計 46,346人

質問. 空を飛ぶのに寿命はあるの？

飛行訓練に開始年齢があるとすれば、空を飛ぶ寿命はあるのでしょうか？究極、空を飛べるか否かは、飛ぶことに耐えうる健康な身体と正常な判断力をパイロットが保っているかによります。2015年、日本で旅客機パイロットの定年は60歳から67歳に引き上げられました。戦闘機パイロットなど身体に負荷が掛かるパイロットは長くても40歳あたりで第一線を退き、民間航空会社に転職するか、地上職に回ることが多いとされています。（ただし、2018年、オーストラリア空軍の最高齢戦闘機パイロットのギネス世界記録は66歳 (*6)）2007年、世界最高齢のパイロットは105歳とギネス世界記録認定されています。(*7) 日本でも90歳以降も空を飛んでいるパイロットがいます。日本航空協会は、長年にわたり航空の発展に尽力し、かつ数え年90歳を迎えたパイロットには長寿を祝福する「航空亀齢賞」を授与しています。ちなみに、最高齢で宇宙飛行を成し遂げたパイロットはスペースシャトルに搭乗した77歳の宇宙飛行士です。彼らは高齢になっても、空を飛ぶ資格を得るために航空身体検査の条件を満たしています。

> "There are old pilots, and there are bold pilots, but there are no old, bold pilots."
>
> 「パイロットには年寄りと大胆なパイロットがいるが、年寄りの大胆なパイロットはいない。」
> - 空の格言集"Slipping the Surly Bonds：Great Quotations on Flight"

ここで、筆者の小学3年生の恩師からプレゼントされた、紅葉の落ち葉が地面に落ちる様子をパラシュート降下にたとえた詩をご紹介します。地面に辿り着くまで、葉脈を精一杯のばして気流を掴まえ、少しでも長く飛んでいようとする葉っぱが表現されています。落ち葉の旅路を飛行にたとえることで、飛ぶことの喜び、尊さ、儚さが伝わってくる詩です。人生のなかで飛ぶ時間は意外と短く、有限であることを教えてくれます。

秋がやってきて
紅葉で色を変える葉っぱが
パラシュートをつけて
飛び降りる準備をする
交互に彼らは
ジェロニモ！と叫びながら
飛び降り
地上に向かって漂う
クルクルと回り、ヒラヒラと舞い
気流を探すため
葉脈を精一杯に伸ばす
これ以上下落ちないように
なぜなら一度地上に降りてしまうと
もう飛べなくなってしまうから
彼らに二度目のジャンプはなく
二度目の向こう見ずな
喜びにあふれるフライトは訪れない

※Geronimo（ジェロニモ）：
1940年代、米軍の落下傘部隊に起源がある言葉。スカイダイバーや高所から飛び降りる人が飛び降りる際に発する掛け声。

fall comes
and the leaves
seeming to change colors
put on their parachutes
and prepare to jump
one after another
they yell Geronimo
bail out and
drift
toward earth
spinning, twirling
they strain every fiber
searching
for air currents
to stop their descent
for once down
leaves are grounded
they get no second jump
no second joyride

質問. 航空身体検査ってなに？

空を飛ぶ条件を満たしている健康的な身体能力と精神状態を証明するのが「航空身体検査証明」です。(*8) 普段、学校や会社で受ける身体検査などと比べ、検査項目が少し異なります。例えば、視野の確認などが加わります。航空身体検査もその目的や年齢によって、その種類や有効期間が異なります。航空身体検査を受診できるのは、日本全国94箇所にある航空身体検査指定医療機関です。(*9) 航空身体検査について分からないことがある場合は、指定航空身体検査医に相談・診断してもらいます。航空身体検査で「不適合」と診断された場合、国土交通大臣の判定を申請することもできます。

パイロットは昔から目の視力が大切と言われています。昔は目が悪いからパイロットになることを諦めたという話がよくありました。自家用操縦士や事業用操縦士の場合でも、眼鏡着用は認められています。今の時代、気をつけたいのがレーシック（角膜矯正手術）などです。例えば、自家用操縦士から事業用操縦士を目指したいと気が変わったとして、もし過去にレーシック手術を受けていたら、現在定められている第一種航空身体検査では「不適合」と診断されてしまいます。

レーシックはもともと、1970年代にロシアで戦闘機パイロットの視力回復術としてRK（放射状角膜切開術）という外科的角膜切開術が行われ、1980年代前半にアメリカでも同様の手術が行われるようになった治療法が発展したものです。当初、戦闘機パイロットにも施術されたため、パイロット候補生が手術を受けても大丈夫なのではないかと思うかもしれません。しかし、決してそうではありません。戦闘機パイロットはその機動性ゆえに身体に加わるG（荷重）に耐えなければなりません。そのため、万が一戦闘中に「メガネ落とした！」、「コンタクト外れた！」という事態になっては一大事です。戦闘機パイロットの寿命は短く、長くても40歳くらいまでと言われています。一方、旅客機パイロットなどは定年の67歳まで健康でいて、安全なフライトを継続することが求められます。そのため、視力回復手術は基本的に「不適合」扱いされています。そのため、これからパイロットを目指す人は、レーシックなどの視力矯正施術は慎重に判断する必要があります。

質問. 身体に不自由がある人は空を飛べないの？

航空身体検査には厳しい側面もありますが、必ずしも身体に不自由がある人が空を飛べないという訳ではありません。例えば、航空大国のアメリカにはエーブル・フライト（Able Flight 「飛行を可能にする」の意）という飛行訓練プログラムが存在します。訓練に参加する訓練生は、聴覚に不自由がある人、身体に麻痺症状がある人、一部手足がない人などが対象です。飛行訓練プログラムは訓練生を選抜の上、四つの奨学金を提供しています。（注：スポーツ用操縦士は日本には存在しない資格）

① フルフライト訓練奨学金：
「スポーツ用操縦士」[注意：レクリエーション用操縦士とスポーツ用操縦士は日本には存在しない資格。詳細については下巻を参照。] の資格取得を目指す人が対象。

② フライト復帰奨学金：
資格取得後に身体が不自由になり、「スポーツ用操縦士」として復帰することを希望する人が対象。

③ フライト訓練チャレンジ奨学金：
資格取得は目指さないけれども、同乗飛行訓練を希望する人が対象。

④ キャリア訓練奨学金：
軽量スポーツ航空機（Light Sport Aircraft：LSA）の修理士、ディスパッチャー（運航管理者）、航空業界で職歴を積みたいと志望する人が対象。

はじまりは2007年、世界最大規模のオシュコシュ航空ショーが開催される米ウィスコンシン州にある個人の格納庫でした。2010年、パデュー大学との連携が始まり、2016年までに36人の訓練生を100%の修了率で輩出した実績があります。(*10) 飛行訓練プログラム参加後、修了生は自信と自立心を取り戻したと感想を述べています。ちなみに、アメリカのインディアナ州にあるパデュー大学は1930年、全米で初めて大学に空港を創設した大学です。1932年に女性で初めて大西洋単独横断飛行を成し遂げたアメリア・イアハートも教鞭をとっていたことで有名です。また、人類初の月面着陸を成し遂げたニール・アームストロング船長の母校でもあります。全米で2番目に多くの宇宙飛行士を輩出しているため、「宇宙飛行士のゆりかご（Cradle of Astronauts）」とも呼ばれています。
制限はありますが、世界を見渡せば身体が不自由でも飛ぶことは決して不可能なことではありません。日本でも事例があることはあまり知られていません。

パデュー大学構内にある空港

25人の宇宙飛行士の卒業生（2020年時点）

パデュー大学のフライトシミュレーター

夢をみるのはやめよう．飛び始めよう

パデュー大学の航空宇宙学科校舎・Neil Armstrong Hall of Engineering

質問. 安全飛行を実現するためには？

パイロットの資格取得はあくまで安全飛行を実現するためのスタート地点です。資格取得後、さらに技量を向上させ、安全飛行を実現するためには継続した地道な訓練が必要です。例えば、新たな場所で飛ぶ時は、その場所で飛んだことのある経験者に気象状況や飛行環境などの特徴を聞く場合もあります。次にご紹介するのは、アメリカで25年間試験官を勤めてきたパイロットが紹介してくださった安全飛行のアドバイスです。空を飛ぶ勉強や訓練は時に大変なこともありますが、空を飛ぶとそのような苦労も吹き飛んでしまいます。なにより学ぶことは命と引き換えに、飛行の安全を守ってくれます。

① Listen（聞くこと）
② Stay Current（最新の情報を仕入れ、現役で飛び続けること）
③ Ask questions（質問すること）
④ Learn（勉強し続けること）

第3章　趣味として固定翼機パイロットを目指す

質問. グライダーとは？

「グライダー」は簡単に言うと、航空機の一つで、エンジン（動力）の無い、長い翼をもった飛行機の形をしています。日本語では「滑空機」と呼びます。別名、「セイルプレーン（sailplane）」、「空飛ぶサーフィン」、「空飛ぶヨット」とも言われます。グライダーで「飛ぶ」ことを表現する場合、英語の「フライ（fly）」ではなく、「ソア（soar）」という動詞が頻繁に使われるのも特徴です。そのため、グライダーで飛ぶことを「ソアリングする（soaring）」などと表現することもあります。「ソア（soar）」は、ただ飛ぶことだけでなく、「気分の高揚」、「喜び」、「魂の飛翔」の意味も含んでいます。14歳から気軽に飛べる手段として、また海外などではベテランのエアライン機長が趣味として楽しんでいるのがグライダーです。発祥国はドイツです。1903年、アメリカでライト兄弟が動力飛行に成功しましたが、その12年前の1891年、ドイツでオットー・リリエンタールが設計図を製作し、グライダー飛行に繰り返し成功していることを忘れてはいけません。

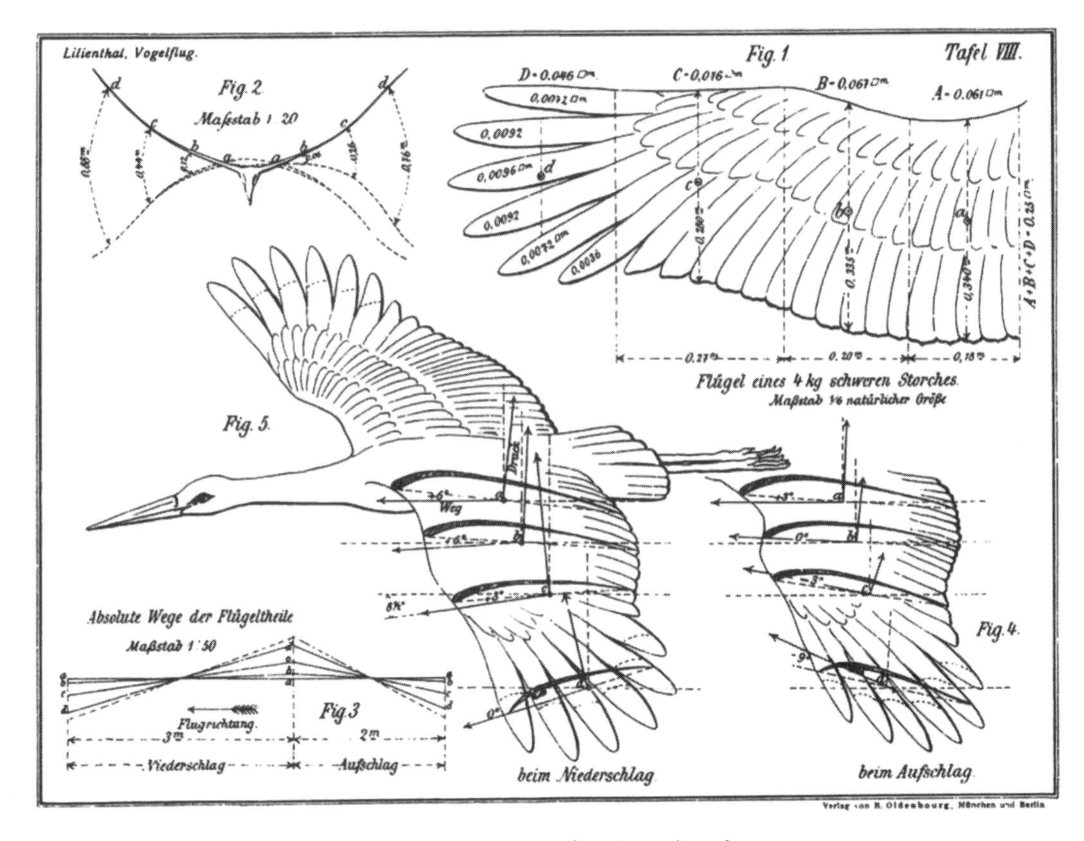

オットー・リリエンタールのスケッチ

（引用：Der Vogelflug als Grundlage der Fliegekunst）

質問. グライダー、ハンググライダー、パラグライダーの違いは？

「グライダー」とよく間違えられるのが、同じく空を滑空する「ハンググライダー」や「パラグライダー」です。ハンググライダーとパラグライダーの場合、パイロットの身体は空中にむき出しの状態で空を飛びますが、グライダーにはコックピット（操縦室）があり、長い翼が特徴です。離陸の時、人がタタタッと小走りで斜面を駆け下りたりするイメージがあるのはハンググライダーまたはパラグライダーです。グライダーで飛ぶ人は一般的に「パイロット」と呼ばれ、ハンググライダーやパラグライダーで飛ぶ人は「フライヤー」と区別されることもあります。詳細な説明は他の本に譲りますが、表3-1にそれぞれの特徴をまとめました。また、参考までにレジャー航空人口と事故発生件数を、それぞれ表3-2と表3-3に示しました。さらに、表3-4にはモーターグライダーやグライダーなどの滑空性能の違いを示しています。「滑空比」とは、前に飛行した水平距離に対して降下した高度との比を表す数値です。値が大きいほど、高度を失わずに前に進むことができます。「エンジンがなくてグライダーは危なくないの？」と不安に思われる方も多いですが、そもそもグライダーはエンジンがなくても飛ぶように設計されており、滑空比について理解していれば動力がなくてもストンと地上に落下せずに、長く飛んでいられることが一目瞭然です。

グライダーの離陸と翼端が地面に触れないように支える翼端持ち

三角形の形が特徴的なハンググライダー

パラグライダー

表3-1　グライダー・ハンググライダー・パラグライダーの長所と短所

	長所	短所
グライダー	・法規制がある（航空法では航空機の扱いを受ける）（※耐空証明や技能証明が存在する） ・事故の際、機体がまず危害を受ける（そのため、保険は個人の傷害保険ではなく、機体の保険を飛行クラブが掛けている） ・機材は高額のため、飛行クラブや複数のオーナーによる共同所有が多い（管理費の分散が可能である）	・コックピット内で操縦するため、空と自分を遮るものがある ・航空身体検査に適合する必要がある（※国によって異なることに注意。例えば、アメリカでは必要としない） ・訓練開始の年齢制限がある ・機材の共同所有により機材のメンテナンスなどの扱い方や人間関係のトラブルが発生しやすい傾向がある
ハンググライダー/パラグライダー	・空と自分を遮るものがなく空を飛べる ・風の影響力の強さをグライダーより感じることができる ・訓練開始の年齢制限がない（18歳以下は保護者の承諾が必要な場合もある） ・航空身体検査は必要がない ・機材の個人所有により、機材を大切に扱える	・法規制がない（ただし、技能証や空を飛ぶための航空法上の許可は存在する） ・事故の際、身体がまず危害を受ける（そのため、訓練開始時にスカイスポーツ専門の傷害保険に加入する場合が多い） ・レンタル以外では、自身の機材を揃える必要がある

表3-2　レジャー航空人口　2018年12月末（引用：「数字でみる航空 2019」JAA）

分類	気球	小型航空機	滑空機	超軽量動力機	ハンググライダー/パラグライダー
人口	1,492	619	494 (*)	514	8,616

（注）人口（各団体の会員数）及び事故件数は日本航空協会資料

(*)：グライダーパイロット人口の数値が表3-2、表3-5、表3-7で異なることに注意。

表3-3　レジャー航空に関する事故発生件数 2017年12月末
（引用：「数字でみる航空 2019」JAA）

分類	気球	自家用航空機	滑空機	超軽量動力機	ハンググライダー/パラグライダー
2016年	17	3	4	1	26
2017年	7	5	2	2	29
2018年	21	1	1	4	31

（注）人口（各団体の会員数）及び事故件数は日本航空協会資料

表3-4　滑空性能の比較　※数値は一例（引用：FAA）

分類	小型飛行機	ビジネスジェット機	旅客機	モーターグライダー	グライダー
滑空比	9：1	12：1	19：1	25：1	46：1

質問. エンジンが付いていないグライダーはどのように離陸するの？

グライダーの離陸方法は、主に「飛行機曳航（正式には航空機曳航）」と「ウィンチ曳航」の2種類に分かれています。「飛行機曳航」は文字通り、エンジンの付いた飛行機にロープ（曳航索）を付けて、グライダーを引っ張って離陸する方法です。一方、「ウィンチ曳航」は、滑走路の端にウィンチ車（車のエンジンを搭載した大きな糸巻き機）を置いて、グライダーが繋がれた1,000メートル程度のナイロン製や金属製の曳航索をウィンチ車のドラム（円筒状の機械部品）で高速で巻き上げ、凧の原理のように機体を上昇させる方法です。グライダーは急角度で上昇し、風の強さによって離脱高度が変化します。一般的に、離陸に要する時間は前者が約5〜10分、後者は約30秒です。アメリカやオーストラリアでは飛行機曳航、ヨーロッパではウィンチ曳航が主流です。昔はゴム索を使った人力曳航や自動車曳航も行われていました。

ウィンチ曳航で離陸するグライダー

曳航索が付いているグライダー

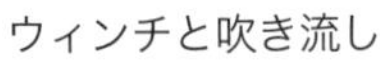
ウィンチと吹き流し

ウィンチに集まる飛行会員

中央に曳航索を巻き上げるドラムが見えるドイツのTOST社製のウィンチ車

ウィンチのエンジン修理

ウィンチオペレーターの座席改造

質問. グライダーは気象条件に左右されずに飛べるの？

一般的に、雨の日や風が強い日はグライダーの飛行活動は行われません。グライダーは「空飛ぶヨット」と呼ばれるくらいなので、グライダー飛行の醍醐味は風を読むことです。上空で強い風が吹いていて機体が風に流されて、着陸時に向かい風が強すぎて滑空場に戻れないようであれば困ります。また、離着陸時も風は大切です。通常、飛行機は揚力を得るために向かい風で離陸します。そして、追い風で着陸距離が延びては危険なので、着陸も向かい風となる滑走路の進入方向を選びます。

例えば、離陸時に背風（追い風）となってしまった場合、滑空場では「ピストチェンジ」と言って、グライダーの発航位置を滑走路の両端で交替することがあります。「ピスト」とは、滑空場で訓練全体の運用を指揮する場所（運航指揮所）のことを指します。空港の小さな管制塔をイメージしてください。滑空場の場合、テントや小さなワゴン車などがピストに該当することが多くあります。ピストチェンジの際、外に出していた椅子や荷物、グライダーを格納するトレーラー（車に引っ張られて進む車）なども滑走路の反対側に移動させるので地上班は大忙しです。運良く上空にいるパイロットは、ピストチェンジが終わるまで優雅にフライトを楽しみ、地上に降りてこない場合もあります。風の読み間違えも含め、1日に最大3回ピストチェンジする日などもあります。このように自然の力に左右されることも楽しみながら活動できる人は、グライダー飛行に向いているかもしれません。

ピスト（運航指揮所）（1）

ピスト（運航指揮所）（2）

先端に「空のサーファー（Sky Surfer）」と書かれているハワイの機体

質問. グライダー飛行の魅力は？

答えは十人十色ですが、グライダーの魅力の一つは自然の力だけで飛ぶことです。目に見えない風を読み、時に大自然に身を任せたり、耐えたりすることを学び、自然と対話することができます。また、グライダーにはエンジンが付いていないため、風切り音だけの静けさのなかで飛ぶことができます。さらに、上昇気流を掴まえて好きなところで自由に旋回し、A地点からB地点に早く辿り着くことを目的にせず、飛ぶこと自体を目的にできることなどが魅力です。

質問. なぜ、グライダー飛行をすすめるの？

第一に、飛行の基礎的な原理を理解し、エルロン（補助翼）、ラダー（方向舵）、エレベータ（昇降舵）を使った従来の操縦技術を学ぶことができるからです。グライダーの飛行計器は必要最低限のもの（速度計、高度計、昇降計、コンパス、滑り計、毛糸など）に限られていて、コックピット内はとてもシンプルです。操縦の基礎を学ぶことができるため、グライダー飛行は世界各国の軍隊や民間航空会社の飛行訓練の初期課程にも組み込まれています。現代、特にエアラインアビエーションでは、シミュレーターを使用し、コンピューターのオペレーター（機械を操作する人）として飛行手順訓練を受けることが中心になってきました。しかし、未だミリタリーアビエーションではアクロバット飛行など従来の操縦技術が求められています。軍隊でグライダー飛行が行われているのには幾つか理由があります。第一に、グライダー訓練は軍用機に移行するために適していると言われているからです。ジェネラルアビエーションで使われる訓練機（T-41、セスナ172-182など）はパイロットが左右に座る複座機ですが、軍用訓練機（KT-1、エンブラエル EMB-314、T-38など）はパイロットが前後に座る複座機がほとんどです。そのため、グライダーから軍用訓練機に簡単に移行することが可能です。第二に、一般的にグライダーは飛行機より高いG（荷重）に耐え、さまざまなアクロバット飛行訓練を行うことができるからです。機体の左右どちらかの片翼が失速した時に発生するスピン（錐もみ状態）などの対処も修得することができます。[*1]

シンプルなコックピット（操縦席）（1）

シンプルなコックピット（操縦席）（2）

第二の理由は、操縦技術を向上することができるからです。特にグライダー飛行では、上昇気流を掴んでの旋回、飛行場に安全に戻れる距離の推測など、風を読む判断力を身に付けることができます。グライダーは風を読む力、つまり気象に詳しくないと上手に飛ばすことができません。エンジン付き飛行機の場合、着陸に失敗しそうな場合はエンジンを使用し、着陸復行（ゴーアラウンド）ができます。しかし、グライダーの着陸は一発勝負です。そのため、飛行計画を入念に準備し、飛行機のエンジンが停止した場合の緊急事態にも適切に対応できると言われています。また、エンジンが付いていないグライダーは気流のみのパイロット技量で操縦し、常に繊細な操縦が求められるため、グライダー乗りは往々にして、飛行機でも繊細な操縦をする傾向が強いと言われています。[*2,3] 世界のエアライン機長のなかには非番の時、趣味でグライダーを飛ばしている人もいます。例えば、1983年、カナダのギムリー空港に滑空状態で旅客機ボーイング767を着陸させたロバート・ピアソン機長、2009年、旅客機エアバスA320を不時着水させ、乗員乗客155人の命をとりとめ「ハドソン川の奇跡」を起こしたチェズレイ・サレンバーガー機長などがいます。近年、レッドブル・エアレースで日本の航空ファンを熱狂に沸かせた室屋義秀選手もグライダー乗りでした。奇跡を起こすパイロットに共通するキーワード、それが「グライダー」です。

滑空場での世代を超えた交流

曳航索が到着するまで
翼の下で日よけする飛行仲間

着陸後の発航位置までの機体押し戻し

離陸待ちでリラックスする飛行仲間

第三に、チームワークを学ぶことができるからです。プロまたはアマチュアに限らず、全てのパイロットは一人の才能だけで飛んでいると思われることも多いですが、大切なのはチームワークです。なぜなら、一人で機体を飛ばすことはできないからです。（飛行機、特にエアラインなどでは多くの人に支えられてフライトします。詳細はぜひ下巻をお手にとってみてください。）

グライダーは飛行機やウィンチなど、何らかの助けを得て離陸しなければなりません。滑空場には、ウィンチを操作するウィンチマン、離陸時に機体の翼が地面にこすられないように翼端を持つ翼端係、滑空場全体の運用を見守る監督者、無線係（マイクマン）、ウィンチ車から曳航索を滑走路の端まで敷くリトリブ係、着陸後の機体の回収係、機体や機材の整備士など、最低でも10人くらいの人の支えで飛行が成り立ちます。機体の組み立てと分解も重すぎて一人で行うことはできません。また、飛行活動以外でも、春から夏にかけては滑空場の草刈りなどを毎週交代交代で行う必要もあります。グライダーの飛行活動では、自分一人が飛ぶ楽しさだけではなく、仲間のパイロットを支えるチームワークも体感することができます。

滑空場のチームワーク

第四に、フライト代が安いからです。エンジン付きの飛行機で飛ぶ場合、航空用燃料代が掛かるためフライト代は高額です。しかし、ウィンチ曳航の場合、必要なのはウィンチ車の燃料代だけなのでフライト代を安く抑えることができます。飛行機曳航の場合、曳航機の燃料代が掛かりフライト代は高くなりますが、それでもエンジン付きの飛行機で飛ぶ場合より安く済みます。そのため、お金がない学生でもフライト活動に積極的に参加することができ、学生の頃から飛行に親しむことが可能です。ただし、アメリカでは飛行機曳航が主流のため、グライダーのフライト代が飛行機より高い場合もあります。海外のパイロットの手記を読むと、少年時代はグライダー飛行に親しみ、滑空場の草刈りでお小遣いを稼ぎ、フライト代に充てるエピソードが紹介されていることが多くあります。

滑空場の草刈り機と飛行仲間

自分たちで行う滑走路の排水管工事

機体のディスクブレーキ修理の様子

浜辺に打ち上げられた魚のようにみえるグライダー

学生から競技飛行も楽しめるグライダー
日本高等学校滑空連盟の記念キーホルダー（1984～1986年）

質問. 操縦の初期訓練課程としてのグライダー飛行とは？

グライダー飛行をすすめる第一の理由を補足するために、世界4ヵ国における事例をご紹介します。オーストラリア空軍は1950年代からパイロット要員に限らず、隊員や職員にグライダーと飛行機の飛行訓練の機会を提供してきました。毎年、グライダーと飛行機訓練の奨学金をそれぞれ66名と20名に授与しています。2015年、オーストラリア空軍は新たに「ASK-21 Mi（モーターグライダー）」と「DG-1001 Club（ピュアグライダー）」をそれぞれ11機ずつ導入しました。（*4）

また、カナダ空軍は1941年、第二次世界大戦のパイロットを養成するために創設されました。1995年、1965年から始まったカナダ空軍グライダー訓練プログラム（RCACGP）は百万回の発航回数を記録しました。カナダ国防相とカナダ空軍のボランティア団体と併せて、「Schweizer 2-33」、「2-33A」など58機のグライダーと26機の曳航機を所有しています。7～8月にかけて、五つの地域に分かれた訓練所では、奨学金による6週間のグライダー訓練プログラムが実施されています。対象は16歳から18歳の男女約320名で、事業用操縦士資格を取得することが可能です。卒業生にはカナダ出身のクリス・ハドフィールド宇宙飛行士などがいることで有名です。（*5）

次に、アメリカ空軍の例です。訓練プログラムでは入隊3年目までの航空身体検査に通った隊員約550名が夏に飛行訓練を受け、毎年約300名の訓練生が単独飛行に出ています。1年に1回、そのうち70名が教官に任命され、さらにそのなかから11名が精鋭チームに選抜されます。11人のうち5人はクロスカントリーのレースチーム、6人はアクロバットチームに所属します。11人の隊員は2年間チームに所属し、大学の学士課程を終えた後も、さらにグライダーの飛行経験を積むことも選択できます。前者は夏の競技会に参加する前に、2週間テキサス州・リトルフィールドで訓練を行い、後者は国内や国際競技に参加する前に、春にアリゾナ州で訓練を行います。アメリカでもグライダーのアクロバット飛行で競うパイロットは少数です。クロスカントリー飛行には「TG-15A（Schempp-Hirth Duo Discusの軍用改造版）」や「TG-15B（Schempp-Hirth Discus-2の軍用改造版）」、アクロバット飛行には「TG-10B（L-23 Super Blanikの軍用改造版）」が使用されてきました。2011年4月、アメリカ空軍はドイツのグライダー製造会社「DG Flugzeugbau」からコロラド州・コロラドスプリングスにある空軍士官学校に「TG-10B」の替わりに、19機の新しい機体「TG-16A　（DG 1001 Clubの軍用改造版）」を導入しました。すべての機体は空軍士官学校に導入する前、カリフォルニア州にあるエドワーズ空軍基地で試験飛行が行われます。「DG 1001 Club」はアメリカの空で飛ぶ証明がありますが、アメリカ空軍には独自の基準があり、試験飛行後は各機体に新しい飛行規程書や手順書が作成されます。例えば、それぞれの機体によって、着陸時の進入速度などの値が若干変わります。（*1,6,7）

ここまでは軍隊の例でしたが、最後にイギリスの大手航空会社の事例をご紹介します。イギリスでは将来エアラインや航空業界に興味を持つ若手を育成するため、航空会社がグライダーによる2週間の飛行訓練プログラム「インスパイア・グライダー奨学金（Inspire Glider Scholarship）」を提供しています。16歳以上の男女約200人を対象に、グライダーの単独飛行を目指す飛行訓練を行っています。

質問. 世界と日本のグライダーパイロットの人口は？

世界にはヨーロッパを中心に、約10万人以上のグライダーパイロットがいると推測されています。グライダー発祥の地であるドイツが人口も機体保有数も一番多く、アメリカが次に続きます（表3-5参照）。上位に挙がる国は、曲技飛行の大会で上位に表彰される選手の出身国と相似しています。

アメリカには約140箇所に滑空場があります。(*8) アメリカの面白いところは、飛行機の定期運送用操縦士でも約4千人ものパイロットがグライダーの技能証明も保有していることです（表3-6参照）。日本のグライダー人口も表3-7をご参照してください。

実は、ドイツとアメリカではグライダーの飛行文化が異なります。ドイツの飛行クラブ運営の多くはボランティアを主体として行われています。飛行会員になるためには、地上の運航補佐、その他の活動に関連する事務手続きや作業、整備、訓練指導などに参加し、パイロット自身が運営を支援する仲間に入らなければなりません。一方、アメリカでは飛行クラブからサービスを受けるため、スタッフ、整備士、飛行機曳航パイロット、教官に対価を支払うことが求められることが多い傾向にあります。(*9) このような航空文化の違いも、グライダーパイロットの人口に影響しているのかもしれません。

表3-5 世界のグライダーパイロット人口（2012年）

（引用：John Roake, World Gliding Statistics）

順位	国	人口	機体数	順位	国	人口	機体数
1位	ドイツ	29,415	10,978	21位	ニュージーランド	745	346
2位	アメリカ	25,130	6,067	22位	日本 (*)	625	280
3位	フランス	11,004	2,343	23位	ブラジル	591	207
4位	イギリス	7,307	2,300	24位	南アフリカ	483	425
5位	オランダ	3,878	671	25位	スペイン	363	178
6位	オーストリア	3,330	588	26位	リトアニア	357	150
7位	チェコ	3,094	101	27位	ロシア	272	125
8位	スイス	2,581	1,048	28位	イスラエル	194	53
9位	ポーランド	2,306	786	29位	ポルトガル	177	25
10位	オーストラリア	2,242	1,214	30位	アルゼンチン	173	356
11位	ベルギー	1,906	402	31位	チリ	162	37
12位	スウェーデン	1,718	450	32位	ギリシア	95	17
13位	フィンランド	1,530	396	33位	クロアチア	79	5
14位	デンマーク	1,504	466	34位	アイスランド	47	22
15位	イタリア	1,240	273	35位	ルクセンブルグ	46	23
16位	ノルウェイ	1,124	148	36位	セルビア	46	26
17位	カナダ	973	526	37位	アイルランド	43	21
18位	スロベニア	926	150	38位	コロンビア	14	14
19位	スロヴァキア	839	253	39位	パキスタン	11	8
20位	ハンガリー	771	346	40位	韓国	10	2
-	-	-	-	41位	ケニア	8	7

(*)：グライダーパイロット人口の数値が表3-2、表3-5、表3-7で異なることに注意。

表3-6 アメリカのグライダー有効技能証明（2019年）
（引用：FAA Civil Airmen Statistics）

資格	人口
合計	**24,989**
自家用操縦士合計	**14,085**
グライダー自家用操縦士	10,763
グライダー自家用操縦士、飛行機自家用操縦士	2,165
グライダー自家用操縦士、飛行機自家用操縦士、ヘリコプター自家用操縦士	70
グライダー自家用操縦士、飛行機自家用操縦士、ヘリコプター事業用操縦士	14
グライダー自家用操縦士、飛行機事業用操縦士	970
グライダー自家用操縦士、飛行機事業用操縦士、ヘリコプター事業用操縦士	102
グライダー自家用操縦士、ヘリコプター事業用操縦士	1
事業用操縦士合計	**6,977**
グライダー事業用操縦士	4,457
グライダー事業用操縦士、飛行機事業用操縦士	1,810
グライダー事業用操縦士、飛行機自家用操縦士	388
グライダー事業用操縦士、飛行機自家用操縦士、ヘリコプター事業用操縦士	14
グライダー事業用操縦士、ヘリコプター事業用操縦士	2
グライダー事業用操縦士、飛行機事業用操縦士、ヘリコプター自家用操縦士	45
グライダー事業用操縦士、飛行機事業用操縦士、ヘリコプター事業用操縦士	241
グライダー事業用操縦士、飛行機事業用操縦士、ジャイロプレーン事業用操縦士	4
グライダー事業用操縦士、飛行機事業用操縦士、ヘリコプター事業用操縦士、ジャイロプレーン事業用操縦士	16
グライダー事業用操縦士、気球事業用操縦士	0
定期運送用操縦士	3,927

表3-7 日本のグライダー人口参考データ（2020年5月）（引用：機関紙JSAインフォメーション）

	回答団体数	所属会員数	内女性数	25歳以下	各種ライセンサー数	滑空機機体数
2018年	35	2,907 (*)	279	833	1,453	322
2017年	35	2,821 (*)	316	1,056	1,284	330

注：女性数および25歳以下愛好者の大部分は大学生。

(*)：グライダーパイロット人口の数値が表3-2、表3-5、表3-7で異なることに注意。

質問. パイロットにとってのファーストソロとは？

定期的に訓練を継続し、教官が大丈夫と判断すると、いよいよ訓練生はファーストソロ（初めての単独飛行）を迎えます。「今までで一番思い出に残っているフライトは？」と聞くと、多くのパイロットが「ファーストソロ」と答えます。パイロットにとってのファーストソロは一生に一度です。無事にファーストソロを終えると、飛行仲間は訓練生に水を掛けたりして盛大にお祝いをします。夏だとバケツ何杯分もです！海外では「first solo soak（ファーストソロのびしょぬれ）」や「celebration soaking（お祝いのびしょぬれ）」などと呼ばれています。なかには訓練生をプールに落とし込んだり、Tシャツを破いたり、お祝いの儀式はそれぞれの飛行クラブで異なります。ファーストソロ達成後の訓練生、教官、飛行仲間の笑顔はいつも滑空場でピカイチです。パイロットと出会った時、ぜひファーストソロについて聞いてみてください。きっと満面の笑顔でその時の状況や気持ちを話してくれるはずです。

質問. グライダーの滑空記章とは？

パイロットが新たな目標を設定し、滑翔の奥深い世界を楽しみ、さらなる技量向上を追求するために考え出されたのが滑空記章です。日本国内限定の滑空記章と国際滑空記章があります（表3-8と表3-9参照）。それぞれの飛行条件を満たすと、カモメが描かれたバッジ（記章）などをもらうことができることから、滑空記章を目的としたフライトは「バッジ飛行」と呼ばれています。日本国内の滑空記章は、自家用操縦士の資格取得前に申請することが可能です。かつて、国際滑空記章で長距離飛行は1,000キロメートルの章しかありませんでしたが、グライダーの滑空性能の向上により、750キロメートルから始まり、250キロメートル区切りで2,000キロメートルまで章が分類されるようになりました。

1990年12月14日、世界で初めて2,000キロメートル賞を受賞したのは、ニュージーランド出身のレイモンド・ウィリアム・リンスキー（Raymond William Linskey）氏です。フライトは山岳波と日の長さの条件が揃っているニュージーランドで行われ、南部と北部を行き来きするものでした。朝の6時半に出発し、山岳波を用いた15時間のフライトが機体「Nimbus-2」で実現されました。(*10)

表3-8　日本国内限定の滑空記章の概要

滑空記章	フライトの内容
A章（Solo Badge）	ファーストソロ
B章（Gliding Badge）	左右旋回後、指定地に着陸
C章（Soaring Badge）	滞空30分以上
銅章（Cross Country Badge）	滞空2時間以上（または滞空1時間を2回）

表3-9　国際滑空記章と取得者数（2020年時点）（引用：FAI）

滑空記章	フライトの内容	取得者数
銀章	距離 50キロメートル以上 滞空 5時間以上 高度 1,000メートル以上	-
金章	距離 300キロメートル以上 滞空 5時間以上 高度 3,000メートル以上	-
ダイヤモンド距離章	距離 500キロメートル以上	-
ダイヤモンド目的地章	三角コースか目的地往復コースで300キロメートル以上	-
ダイヤモンド高度章	獲得高度5,000メートル以上	-
金賞と3ダイヤモンド	-	7,640人
750キロメートル章	距離 750キロメートル以上	159人
1,000キロメートル章	距離 1,000キロメートル以上	721人
1,250キロメートル章	距離 1,250キロメートル以上	30人
1,500キロメートル章	距離 1,500キロメートル以上	10人
1,750キロメートル章	距離 1,750キロメートル以上	4人
2,000キロメートル章	距離 2,000キロメートル以上	6人

金賞のバッジ

3ダイヤモンドのバッジ

質問. グライダーとモーターグライダーの違いは？

「グライダー」は航空機の一つで、エンジン（動力）のない、長い翼をもった飛行機の形をしているという説明を冒頭でしました。では、エンジンが付いている「モーターグライダー」はどういうものでしょうか？「エンジンを切ったらグライダーだから滑空機？それとも、エンジンが付いているから飛行機？」と疑問がわいてきます。日本を含め、多くの国で操縦の資格は「滑空機（動力滑空機）」として分類されています。モーターグライダーはエンジンが付いていないピュアグライダーの飛行機曳航やウィンチ曳航など、離陸の煩わしさを解消するために開発された歴史があります。飛行機の燃料は航空用のガソリンなどが法律で規定されていますが、モーターグライダーは自動車用のガソリンの使用が許可されているため、飛行機より安く飛ぶことができます。ただし、搭乗する人は2名以下などの制限もあります。飛行機は自動車、モーターグライダーは軽自動車だとイメージすると分かりやすいかもしれません。

プロペラ格納型のモーターグライダー

大利根飛行場にあるモーターグライダー

モーターグライダー DIAMOND HK36 「Super Dimona」のコックピット

質問. 昔のグライダー乗りはパラシュートジャンパー？

グライダーパイロットは機体に乗り込む時、エマージェンシーパラシュートを背負って空を飛びます。一度も使いたくないものですが、パラシュートの畳み直しも定期的に行います。昔は今のように安全な機体が発達しておらず、グライダー飛行とパラシュート降下を並行して訓練している時代もありました。それを描いているのが、フランスの童話『風の王子たち（LES PRINCES DU VENT）』（ミシェル・エーメ・ボードゥイ著、岩波少年文庫、1958年）です。この物語は、少年がグライダー飛行を通じて成長していく姿を描いています。少年たちがグライダーの操縦訓練のみならず、パラシュートの降下訓練を実施している場面も描かれています。物語では、体験したことのある仲間だけが共有できる秘密、想像力から生み出される怖れと向き合うための行動力、飛ぶことの喜びや基地で生まれる友情、願う意志の力などについて書かれています。

パデュー大学スポーツパラシュートクラブのロゴマーク

グライダーで使用するエマージェンシーパラシュート

＝＝

グライダーの飛行活動の様子

耐空検査の様子

故障による曳航索の手巻き作業

ウィンチ車エンジン修理

『空の音楽 -空気の海の大冒険-（Song of the Sky –An Exploration of the Ocean of Air-）』
Guy Murchie、Riverside Press、1954年（未邦訳）引用

"As you fly, the wind comes to you little by little, more every day, every week, depending on how sensitive you are. Is it intuition? Is it your subconscious mind? Through little clues it comes – clues everywhere: that nodding tree down there with the leaves always appearing lighter on the windward side, that dust behind the wagon, the rippling grass, the flag, the little waves on the lake, the girl with blowing hair and skirt. The whole air becomes at last a fluid mass that you can see moving, that you can understand and trust and lean against. Your wings now grip it surely and hold you steadfast in the sky as firmly as your feet hold you above the ground."

「あなたの感覚がどれくらい鋭いかにもよるが、毎日、毎週と飛行を積み重ねるうちに、風が少しずつ少しずつ、あなたの方に寄ってくることが感じ取れるだろう。それは、直感なのか？それとも、無意識によるものなのか？それは、小さな手掛かりとしてやってくる。やがて、その手掛かりが、ありとあらゆるところに散らばっていることに気付くことだろう。風上の葉っぱがうっすらとした薄色になって風にたなびいている木、ワゴン車がまき散らす土埃、風にさざめく芝生、旗のはためき、湖のさざ波、風になびく少女の髪とスカート。やがて空気全体がひとつの動く固まりとして、信頼して、身を寄せても良いものとして捉えられるようになる。あなたの足が大地をしっかりと踏みしめるように、今度は機体の翼が風をしっかりと掴み、ぐらつかないようにあなたと空を繋いでくれる。」

滑空場の吹流しを掴む少女

霧ヶ峰滑空場で撮影したグライダーとトンボ

"If you want to learn the most intimate of all the secrets of the wind you must of course take up gliding. For in a glider or sail plane every moment – often your life – depends on the wind. You feel the winds in your fingers, on your cheek, in your bones. It is the bird's way – soaring – catching the rising thermal air over the sun-baked hayfield by day, over the sultry pond by night, coasting up the windward slopes of hills, spiraling over factory chimneys, searching for "cloud streets" marked by the cumulus coiffure of the rising air."

「風の本質について知りたいと思うなら、あなたはグライダー飛行を始めるべきだ。なぜなら、グライダーまたはセイルプレーンは、どの瞬間も、あなたの命が風に左右されるから。あなたは風を指や頬や骨で感じることだろう。ソアリングは鳥の飛び方である。日中の太陽に照り付けられた牧草地、夜間の蒸し暑い池、丘を駆け上がる風、工場の煙突の上で渦を巻いて生じる上昇気流を掴まえて飛ぶ。上昇気流によって生じた積雲のひげを頼りに"クラウドストリート" を探し求めることだろう。」

オーストラリア・ナロマインで体験したクラウドストリート

"Something every glider pilot needs do is study these cumulus forms, and especially the unseen heat streams that create them. They are his propeller, his spark, his gasoline. Except perhaps for windward hillsides they are his main staircase to altitude. He knows them as thermals or "cloud streets" and one of his favorite tactics is gliding from one to another of these unseen elevators across the country, spiraling upward in each to gain what height he lost between. That is how the hawks and eagles fly: the easy way, hitchhiking on the heat currents, riding the fire bubbles like the fledging phoenix of old. There not to fuss or flap, but just to ease onto a warm shelf of air and ride it up the sky. Man might have done it centuries ago if he had had the imagination to visualize air and heat and speed as they really are. He certainly had the materials and tools at hand to build a glider – all but the ken that would make it work – and that knowledge – as simple as it now seems, was enough to stump everyone from Leonardo da Vinci to Tom Edison."

「グライダーパイロットの誰しもが学ばなければならないのは、積雲の形で、特に積雲を形成する目に見えない熱の流れを捉えることである。それが、パイロットにとってのプロペラであり、点火装置であり、燃料である。おそらく山腹の風上側を除いて、そういったところは高度を稼げる主要な階段となる。パイロットは、これらの場所をサーマルや"クラウドストリート"として知っている。そして、パイロットの好きな作戦の一つは、全土に広がる見えないエレベーターを渡り歩き、その間で失われた高度を再度獲得するため旋回することである。それが、鷹（タカ）や鷲（ワシ）の飛び方である。熱の流れをヒッチハイクする、簡単な飛び方である。それはまるで、蘇った鳳凰が火の泡を乗りこなして飛ぶようでもある。無駄にあがいたり、翼をはためかせたりする必要はなく、暖かい空気の段差に身を任せて空を上昇していく。空気、熱、そして速度をありのままに視えるようにする想像力さえあれば、人は何世紀も前に鳥を真似することができたかもしれない。人類はグライダーを製作するための材料や器具は遥か昔から使いこなしていた。しかし、今ではとてもシンプルに思える飛行の原理の知識や知恵は、レオナルド・ダ・ヴィンチやトーマス・エジソンに至るまで、大勢の偉大な科学者をつまずかせたのだ。」

第４章　体験談：グライダーで空を飛ぶ魅力

質問. 日本で趣味としてグライダー飛行を楽しむ方法は？

1日の活動例（埼玉県・加須市）

筆者が拠点にしている埼玉県では、グライダー、パラグライダー、気球、ウルトラライト、スカイダイビングなどのスカイスポーツが盛んです。意外にも埼玉県はスカイスポーツの聖地です。「あぁ～、空が飛びたいけど、お金もあまりないしなぁ。どれくらい掛かるのだろう？」筆者もNPO法人学生航空連盟を知るまではそう思っていました。

グライダー飛行の活動は1日掛かりです。日曜日の朝は9：00集合。機体の組み立てが終わった後、その日のブリーフィングを行います。ブリーフィングでは、気象、機体や機材の点検・燃料確認、その日の注意事項、お弁当の買い出しの有無、体験搭乗者の紹介などを行います。日没前に活動を終えるので16：00くらいまで飛行活動を行い、機材を撤収するのが1日の流れです。1日の一人あたりの平均飛行回数は2～3回で、滞空時間は季節によって異なります。

9:00　埼玉県・栗橋の資材置き場集合

9:30　機材セット・機体組み立て

10:00　ブリーフィング（気象・NOTAM・機材の点検状況など）

10:45　フライト開始

16:00　機材撤収

NOTAM（Notice to Airmen）：ノータム。航空情報の一種。フライト活動に影響のある飛行場周辺の情報を入手することができる。例えば、気球やスカイダイビングの活動実施有無など。

NPO法人学生航空連盟での1日の活動の流れ

フライト以外の楽しみ

滑空場に足を運んでいるとフライト以外にも、毎年さまざまな楽しいイベントと遭遇することができます。例えば、2016年には滑空場で遊覧飛行による結婚式が行われました。加須の滑空場上空からはハート型の渡良瀬遊水池「谷中湖」が見えることから、恋人たちの聖地として知られています。2016年5月、地域振興として加須市観光大使と加須カスリーングライダークラブ主催で5組の新婚カップルを対象にヘリコプターによる祝福フライトが行われました。白いウェディングドレスのお嫁さんが滑走路にとても映えていました。

また、2017年5月、普段訓練で使用する滑空場が第66回利根川水系連合の総合水防演習で使用されました。写真はイベントに駆け付けた、埼玉県のマスコット「コバトン」です。ゆるキャラのコバトンですが侮ってはいけません。2009年3月、コバトンは埼玉県出身の若田光一宇宙飛行士と宇宙へ旅立ち、10月に凱旋帰郷を果たしています。また、2009年10月、国際天文学連合（IAU）は太陽系を回る小惑星12031番に「Kobaton（コバトン）」と命名することを正式に認定し、「コバトン星」が誕生しています。

さらに、毎年5月になると埼玉県の加須市民平和祭では、全長100メートル、体重350キログラムのジャンボ鯉のぼりが空を遊泳します。約12万人の来場者が訪れ、公園には屋台が出て大賑わいです。少し見えにくいですが、写真には鯉の下に「メダカ」と呼ばれている全長10メートルのミニ鯉のぼりが写っています。空を泳ぐ、鯉のぼりとグライダーの共演を見ることができます。

2016年　滑空場にて遊覧飛行の結婚式

2017年　グライダーと
埼玉県のマスコット「コバトン」

アメリカ滑空協会「むしろソアリングしていたい」のシール

空を気持ち良さそうに泳ぐ加須ジャンボ鯉のぼりとグライダー

加須ジャンボ鯉のぼりとヘリコプター

質問. 海外で趣味としてグライダー飛行を楽しむ方法は？

クロスカントリー飛行を経験せずにグライダーを語ることなかれ

グライダーの醍醐味は、なんと言っても長距離のクロスカントリー飛行です。普段、筆者は日本で飛ぶ場合、9キロメートル圏内のローカルフライトが中心です。しかし、オーストラリアでは100キロメートル、500キロメートル、2,000キロメートルの長距離飛行を目指すことのできる気象条件と飛行環境が整います。オーストラリアは1967年、全エアラインの航空機に航空機事故解析のため、コックピットのボイスレコーダーとフライトレコーダーの装着を義務付けた航空大国です。

ナロマイン（Narromine）でのフライトについて初めて聞いたのは、学生航空連盟創立60周年記念の場でした。ご夫婦でグライダー飛行を楽しむOGの方から「日本とは比べものにならない飛行環境よ！」と教えていただきました。また、オーストラリアの巨大回転雲モーニンググローリーの気象現象で飛んだOGの方ともご挨拶する機会がありました。学生時代はまだ飛行経験が足りないと感じたり、旅費がなかったり、社会人になったら休暇が取得できなかったり、いつの間にか話を聞いてから5年の歳月が流れていました。しかし、2016年12月27日から2017年1月9日、日本のグライダー仲間4人とナロマインを訪れる機会に恵まれました。世界各国から集まるグライダーパイロットからスケールの大きい地球の遊びを教わり、オーストラリアの広大な大地が生み出す自然の力に驚愕した2週間でした。最も長いフライトは2017年1月7日、二人乗りでの4時間52分でした。総飛行時間は25時間を記録。日本の埼玉県では夏の気象条件の良い時でもやっと2～3時間滞空できるのが限界なので、日本での何年分もの飛行時間をナロマインでたった2週間の間に積み立てることができました。

360度、ポコポコと宙に浮く積雲の数々。長距離飛行の記録を樹立するために絶好の飛行日和が続く。
この積雲の上昇気流にのって、グライダーのクロスカントリー飛行が実現する。

ナロマインの活動風景

ナロマインは、シドニーから飛行機で約1時間離れたダボ空港から車で約30分走らせた場所にあります。ナロマイン飛行場は第二次世界大戦、ドイツと戦うために約2,850人のパイロットを養成した場所で、南オーストラリア州のワイケリー（Waikerie）と並んで有名な飛行場です。

NOT TO BE USED FOR NAVIGATION（実際の航法では使用禁止）

AUSTRALIA ERC LOW L3,L4番　低高度「FL200以下」（引用：Airservices Australia 2020）

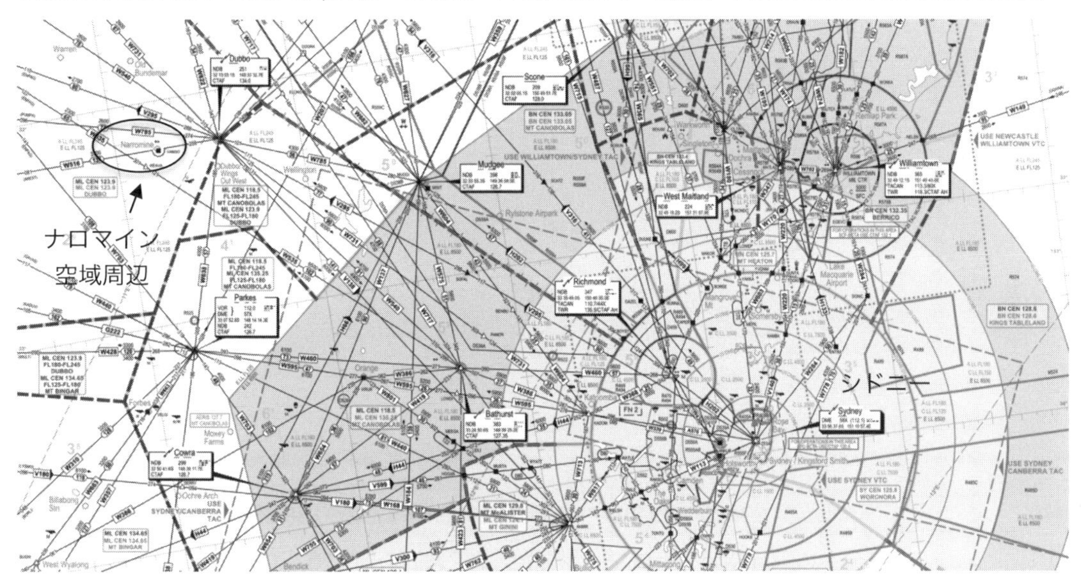

ナロマイン飛行場には徒歩圏内に宿泊施設があり、クラブが所有するグライダーの機体名が各部屋に付けられています。宿泊施設から歩いてすぐの場所にパイロットの活動拠点であるクラブハウスがあり、毎朝10時から気象ブリーフィングが行われます。暑い日に気象担当の人が「今日、私たちは炎の洗礼を受けます（Today, we are baptized by fire）」という表現を使っていたのが印象的でした。壁には1,000キロメートルのクロスカントリー飛行を達成した額などが飾られています。フライト後、パイロットはここでソフトドリンクやアルコールを一杯飲み一息つきます。月に1回、フライト後にはクラブハウスの外でBBQも開催されます。フライト後にサッと機体を格納庫に入れた後、仲間と涼みながら飲食を楽しむ時間は最高でした。普段、筆者が飛んでいる日本のクラブには格納庫がないので、飛行前には機体を組み立て、夕日が沈む前に機体を分解するので大忙しです。一方、オーストラリアでは準備から片付けまで、時間がゆったりと流れていると感じました。

NOT TO BE USED FOR NAVIGATION（実際の航法では使用禁止）

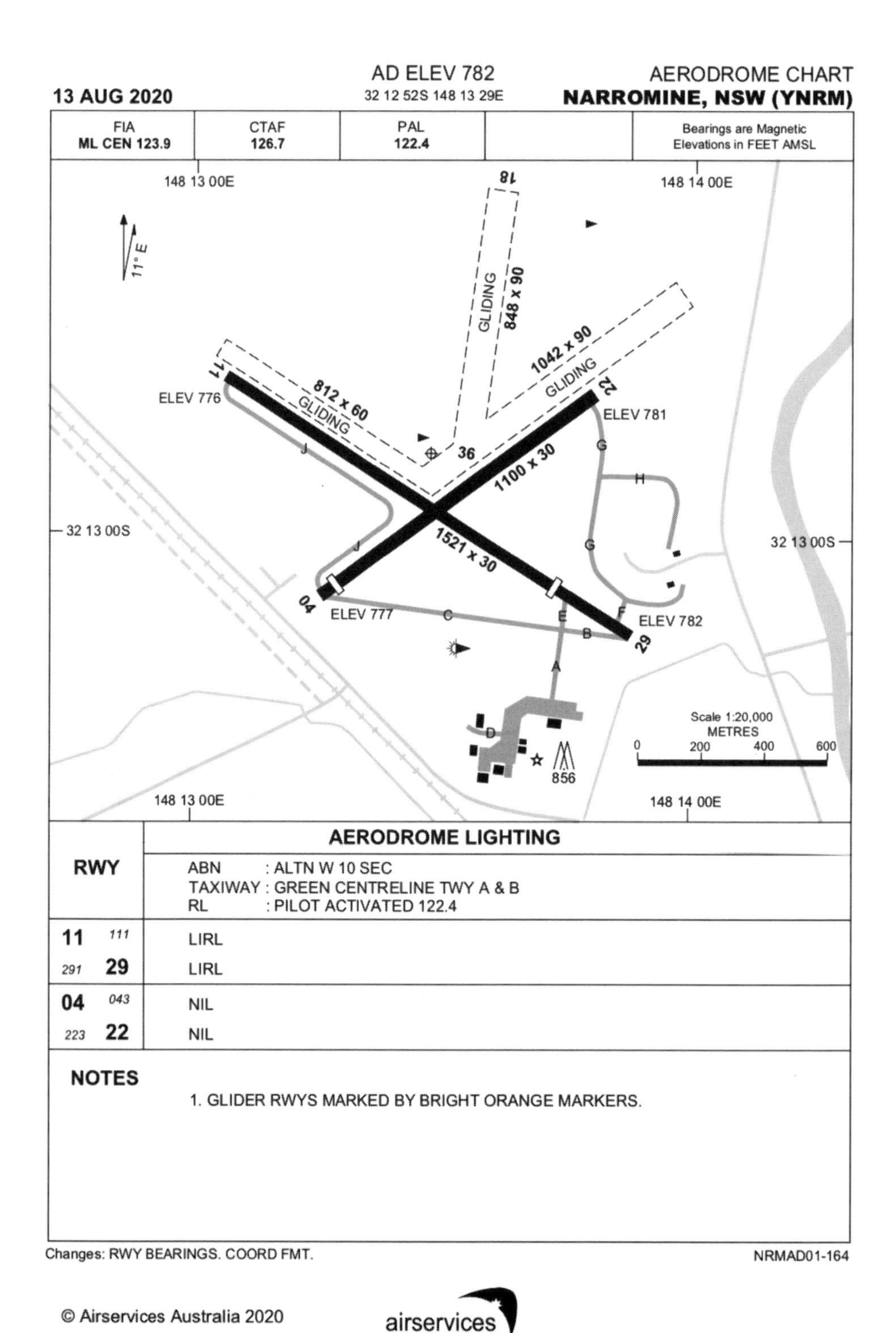

airservices

NOT TO BE USED FOR NAVIGATION（実際の航法では使用禁止）

RNAV（GNSS）進入方式　※一般的に滑空機での航法では使用されない

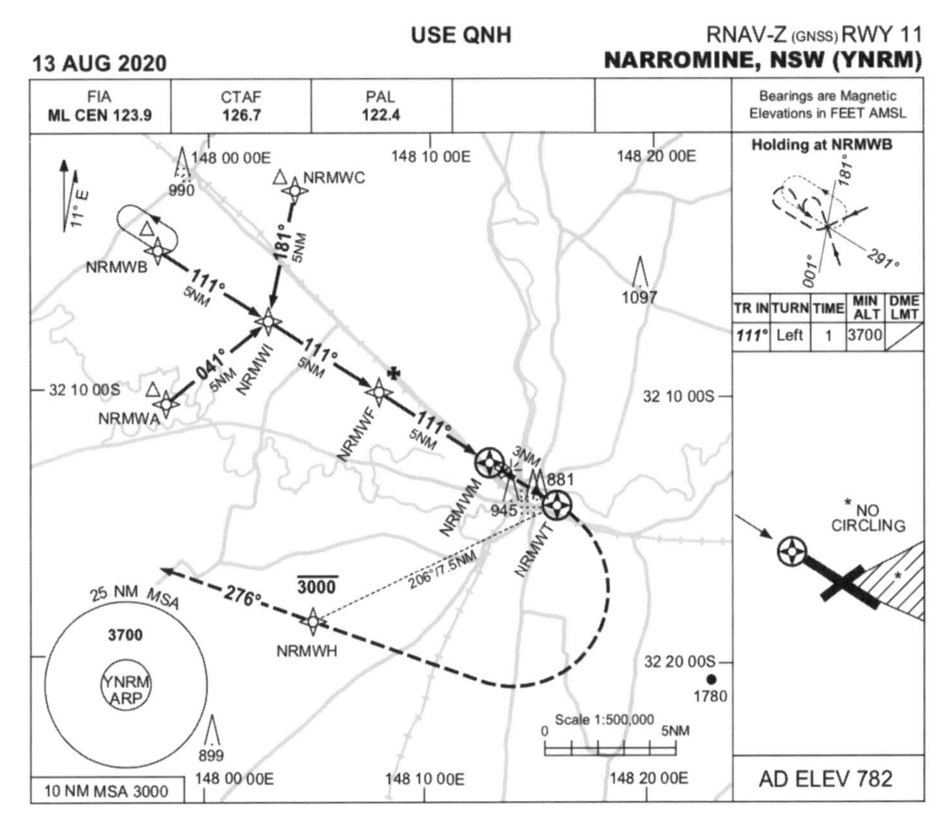

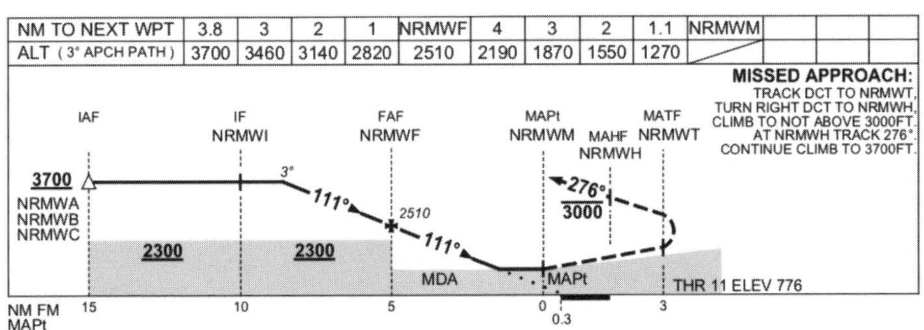

NM TO NEXT WPT	3.8	3	2	1	NRMWF	4	3	2	1.1	NRMWM			
ALT (3° APCH PATH)	3700	3460	3140	2820	2510	2190	1870	1550	1270				

NOTES

* 1. NO CIRCLING EAST OF RWYS 22 & 29.

CATEGORY	A	B	C	D
S-I GNSS	1270 (488-2.8)			NOT APPLICABLE
CIRCLING*	1390 (608-2.4)		1550 (768-4.0)	
ALTERNATE	(1108-4.4)		(1268-6.0)	

Changes: TRACKS, LNAV VIS, COORD FMT, Editorial.　　NRMGN01-164

宿泊施設の庭に飾られている飛行機の風見鶏

1,000キロメートルなどの
長距離飛行達成を記念する額

クラブハウス内のドリンクバー

クラブハウスの外でBBQを楽しむ様子

飛行場に隣接されているナロマイン飛行博物館

現地のパイロットによるグライダー修理の様子

世界から集まるグライダーパイロット

ナロマインに滞在した時、オランダ、スイス、スペイン、ドイツ、チェコ、中国からパイロットが集まっていました。オーストラリアの夏は北半球では冬にあたるので、ヨーロッパから多くのパイロットが訪れます。オランダ人で二人とも旅客機ボーイング767機長のカップルは、「普段はバスを運転しているけれども、毎年お正月にはスポーツカー（グライダーの高性能機）をドライブしに行く感覚でナロマインを訪れている」と、話してくれました。二人は婚約という形式にこだわらないパートナーの関係だとも教えてくれ、まるで映画の世界に入り込んだかのような感覚に襲われました。

飛行機曳航を担当するタグパイロットは、期間限定でチェコから訪れていました。飛行時間を稼いで経験を積みたいと思っていたところ、インターネットでナロマインを探しあてたと教えてくれました。チェコのフライト代はとても安いから、いつか飛びに来なよと声を掛けてくれました。「すごいごちゃごちゃしてるでしょ」と、チェコの航空図も見せてくれました。

また、1月末にオーストラリアのベナラ（Benalla）で開催されるグライダー世界選手権の中国チーム応援に駆け付けに来た中国人も2人いました。グライダーの格納庫から発航位置までの運搬、着陸したグライダーを滑走路の中央から脇に寄せる作業など色々な場面でお互いに協力し、中国語の歌を一緒に歌ったり、中華料理を振る舞ってもらったり、日本料理をご馳走したりしたことが良い思い出です。

ナロマインのすごいところは、世界チャンピオンのパイロットが飛行場にいることです。初心者の人でも決して見下さず、気さくに話し掛けてくれる心の広さがありました。奥さんもグライダーパイロットで、操縦技術に関しては旦那さんより上手いとの評判で、多くの人に彼女の飛行機曳航による離陸を地上からよく観察するようにとアドバイスされました。ご夫婦はヨーロッパとオーストラリアに2機ずつ機体を所有していて、ヨーロッパの冬の時期には南半球のオーストラリアを訪れ、一年中飛行を楽しんでいるとのことでした。

世界から集まるグライダーパイロット

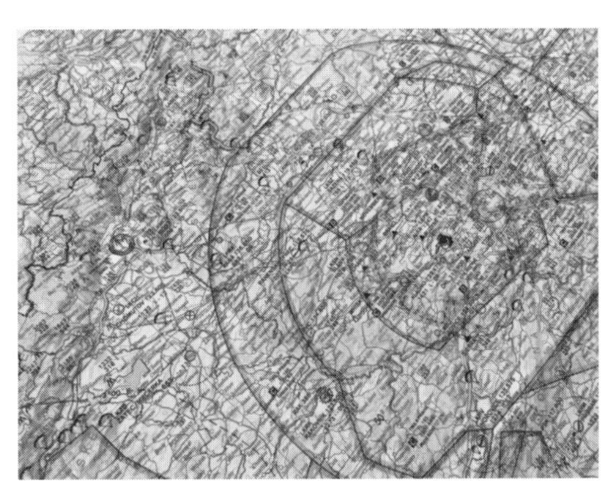

チェコの航空図

360°に広がる積雲と機体の整列

天候が良い日には、飛行機曳航を待つグライダーが滑走路に10機以上整列します。ベテランパイロットは長距離飛行が望める良い日にしか出てこないので、気象条件が良いと滑空場は大賑わいです。先頭は記録に挑むパイロットに譲られます。ちなみに、筆者は経験が少ないので一番後ろでした。一機を曳航するために掛かる時間は約30分です。そのため、朝に機体を準備しても飛び立つのはお昼過ぎでした。順番を待ち、滑空機を飛行機曳航してもらうまで地上で待機します。その間、地上に待機しているパイロットは他のパイロットのフライトログを記録したり、ボーッとただ座ったり、無線に耳を澄ましたり、他のパイロットと会話を楽しんだりします。一番厄介なのは、水分を求めてハエが顔につきまとってくることでした。朝にグライダーが滑走路に一列に並ぶのは、日本ではなかなか目にすることのできない圧巻の景色です。

早朝からはじまる機体の大整列

飛行機曳航の順番待ちの様子

"The Sky's the Limit"と記されているポストカード

飛行前確認：CHAOTICとCATHOLIC

ナロマイン飛行場では飛行前確認として、「CHAOTIC（発音はケオーティック）」という合言葉を使っていました。「CHAOTIC」は「カオス、大混乱、支離滅裂」という意味なので、飛行前確認の戒めの言葉としてぴったりです。

【飛行前確認の「CHAOTIC」】

C - CONTROL ACCESS（操縦系統）
H - HARNESS（ハーネス）
A - AIRBRAKES（エアブレーキ）
O - OUTSIDE（外の環境）
T - TRIM（トリム）
I - INSTRUMENTS（計器）
C - CANOPY （closed, locked and clean）（キャノピーのロックと汚れ）
- CARRIAGE （undercarriage locked down）（車輪のロック）
- CONTROLS （checked for full and free movement）
（操縦桿の動きと引っかかり）

グライダーの世界チャンピオンから「CHAOTIC」ではなくて、飛行前の「CATHOLIC（発音はカソリック）」は知っているかと聞かれました。首を横に振ったら、キリスト教でお祈りするように十字をきって、「Spectacle, Intestine, Wallet, Watch（サングラス、腸、財布、時計）」とジョークを教えてくれました。安全飛行を祈り、飛行前の必需品を忘れない合言葉のなんと実用的なこと！飛行前確認のチェックリストも飛行場によって異なります。その飛行場のローカルルールなどの相違を知ることも、空の世界の楽しみ方の一つです。

高度約7,000フィート・大地に映る雲の影が印象的

ヘリコプターに乗るサンタクロースと無線標識

飛行機曳航の試練

普段はウィンチ曳航で離陸するので、筆者にとって飛行機曳航は新たな挑戦でした。お世話になったのは1975年から飛行機曳航一筋で、人生に悟りをひらいたようなとても優しいタグパイ（曳航機パイロット）でした。飛行機曳航の離陸がうまくいかず、機体に振り回されていた時は、「飛行はただ訓練を積むだけ。熟練パイロットなんていないものだよ。どんなパイロットにとっても、良い日と悪い日がある（Flying is just a matter of practice. There’s no such person as a proficient pilot. There are good and bad days for everyone. ）」と、声を掛けてくれました。

飛行機曳航が上手いパイロットは、曳航機に負荷を掛けないようにピタッと機体の後ろにつきながら曳航機を追いかけるように飛行します。これを英語では「Keep in Station（位置を保持する）」と表現します。どうやら私は左右に思いっきり振れているようで、「君はグライダー4とグライダー8の振り子のように振れている（You’re going Glider 4 and Glider 8）」と言われました。「グライダー4とグライダー8って何？」と聞いてみると、曳航機には曳航しているグライダーの位置を示す計器が装備されていることを教えてくれました。時計盤のように、4時方向にいれば「グライダー4」、8時方向にいれば「グライダー8」と表現します。今思うと優しい嘘だったかもしれませんが、「大丈夫だよ、2,000時間以上の飛行時間を持つパイロットでさえ左右に振れていることはあるよ」と、フォローしてくれました。

飛行機曳航の際、飛行場によってルールが異なりますが、グライダーは曳航機の上か下の位置取りをします。オーストラリアのナロマイン飛行場は、上昇気流が強いので下に位置をとる方式でした。上でも下でもなく、同じ高さで飛ぶと曳航機の後方乱気流に巻き込まれ、機体がガタガタ揺れ始めます。教科書でしか読んだことがありませんでしたが、実際その振動も体験することができました。優秀なタグパイは上昇気流の条件の良い場所まで連れて行ってくれます。

農薬散布と少年のリハビリ飛行

滑空場のすぐ傍に自宅を構えているパイロットの家に、農薬を散布する飛行機の写真が飾られていました。ナロマイン滞在中、滑空場に中学生くらいに見える少年がおじさんパイロットたちに囲まれていました。どうやら飛行訓練を受けているわけではなさそうな感じです。周りの人に話を聞いてみると、一命をとりとめたものの、父親が飛行機で農薬散布中に機体の翼がもげて大怪我をしたとのことでした。飛行機に恐怖心を抱いている少年のトラウマを無くすため、おじさんたちが少年を連日飛行場に連れ出しているとのことでした。何日か経つと最初は緊張気味な顔をしていた少年も、フライトを楽しむ余裕が出てきて明るい表情をしていました。父親の事故後に空から少年を遠ざけるのではなく、飛行に対する印象を変えようと飛行場に少年を引っ張り出すパイロット仲間のすごさを感じたエピソードです。

ちょこっとコーヒーブレイク

飛行中に片翼がなくなってもパイロットが生還した奇跡的な事例も存在します。「ネゲヴ空中衝突事故」が有名です。1983年、イスラエルの戦闘機F-15と攻撃機A-4「スカイホーク」が空中衝突し、F-15の右翼が完全になくなってしまいました。しかし、パイロットは普段の着陸速度の2倍で滑走路に着陸し、九死に一生を得ました。機体から降りた後に右翼がないことに気が付き、とても驚いたとパイロットは振り返っています。(*1)

本当のアウトランディング

上昇気流の力だけで飛び、動力に頼らないグライダー飛行では時としてアウトランディング（場外着陸）が避けられません。天候に注意し、地図を頭に入れ、いざとなったら安全な場所を探し、風向きも考えながら着陸するには高度な操縦技量と判断力が必要です。そのため、グライダー飛行は「空のチェス」とも呼ばれています。

クロスカントリー飛行に出る前、アウトランディングの講習を簡単に受けました。航空写真を見ながら、どのような地形であれば安全に着陸できるかを学び、土地の広さ、長さ、傾斜、溝、排水溝、地面の筋模様、耕作地、周囲と異なる地肌の色、公共道路・家・人・電線・柵・動物などの有無を確認しながら安全に着陸できる場所を探しました。特に上空からは見えにくい電線がとても危険だと教わりました。電線に引っかかることも避けなければいけないが、電線をいざ避けようと操縦桿を引いて失速してしまわないようにとも注意されました。

2017年1月3日。ナロマイン飛行場から約100キロメートル離れたパークス天文台を目指して、オーストラリア人の教官とクロスカントリー飛行に出掛けました。別の日に地上でパークス天文台を訪れていましたが、地上から見学したら巨大な望遠鏡だったにも関わらず、上空から見た望遠鏡が米粒くらいの大きさに見えたことに驚きました。また、飛行中には、オーストラリアでは条件の良い上昇気流や飛行場に戻る分かりやすい目印のある場所にグライダーが集中するため、グライダー同士の空中衝突事故を防止することを目的とした警報装置「FLARM」の装着が義務付けられていることなどを教わりました。計器を見ていると頻繁に注意喚起の光が点滅していました。

高度約2,500フィートで、どうやら教官の様子が変わりました。「グッと押し上げる感覚分かる？（Do you feel the surge?）」、「雲が細くたなびいているのが分かる？（Do you see the wisp?）、「空気の塊の動きが変わったのが分かる？（Did you feel the air mass change?）」と、質問してきます。どうやら飛んでいる一帯に、上昇気流がなくなってきたようでした。高度が低くなると、白い点で見える羊の群れも視界に入ってきました。もう旋回して高度を稼ぐことはできないと判断し、最終的にピークヒル（Peak Hill）のパドック（無人飛行場）にアウトランディングしました。最初はクロスカントリー飛行に出られない筆者のことを憐れに思って、アウトランディングをあえて経験させてくれたものだと思いましたが、本当に上昇気流がなくなったようでした。

アウトランディング後、まず教官はナロマイン飛行場にアウトランディングの場所を無線で連絡しました。次に待っていたのは、離陸するために機体を滑走路の端まで二人で押す作業です。教官と私の力加減が異なるため、左右に分かれて押すと機体はZ字のようにジグザグに進んでいきます。そのため、少し押したら教官と左右を入れ替え、休み休みに機体の曳航準備を整えました。曳航機を待つ間は直射日光を避けるため、翼の下で休憩していました。そうこうしているうち、教官は人生を語り始めました。空には初めて会ったパイロット同士でも心を開かせる不思議な力があるのだと思います。約40分後、曳航機が迎えに来てくれました。再度アウトランディングしないよう、ナロマイン飛行場の上空近くまで曳航してもらいました。

曳航機が着陸できない場所にアウトランディングしてしまった場合でも、良い場所に着陸すれば機体を引き上げる平均時間は約20分だそうです。滞在中、沼地に着陸してしまったパイロットがいました。その引き上げには約5時間掛かったそうです。それでも嫌な顔一つせず、仲間を手助けした自慢話を満面の笑顔で話すパイロットのおじさんたちを見て、とても素敵な飛行仲間だなと感動しました。

アポロ11号月面着陸の生中継映像配信でも
活躍したパークス天文台

アウトランディングした無人飛行場

迎えに来る曳航機を待つ様子

アウトランディング場への曳航機到着！

曳航機のクローズアップ

警報装置「FLARM」中央上

雲を触るのも夢じゃない！

飛行中、高度を獲得するため、上昇気流のある積雲の下で上昇気流（サーマル）の核（コア）に機体をのせて旋回します。サーマルコアに命中すると、昇降計が発する電子音がピピピッからピーと連続音に変化します。音と一致して昇降計もプラスの方へ反応し、上昇気流があまりにも強い時は針が振り切れることもありました。サーマルの核をうまく探しあてると、あれよあれよと機体が上昇していきます。雲底まで到達すると、なにも努力しなくても、今度は雲の吸引力によってどんどん機体が雲のなかに吸い込まれていきます。雲の中に入る前にスピードを出して高度を落とす時、本当に鳥になって空を飛んでいるようでした。高度が低くなったら、新たに条件の良さそうな雲を見つけて雲を渡り歩いていきます。空の世界では、旋回しなくても雲が連なって雲の吸引力で高度が保たれて飛行できる場所は「クラウドストリート」として知られています。2017年1月4日、距離は長くありませんでしたが、念願のクラウドストリートを散策することができました。

雲と雲の間は「ブルーギャップ」と呼ばれていて、直射日光が当たるのでコックピットの中はとても暑くなります。直射日光を浴びる蒸し暑いコックピットのなかでの水分補給とバナナの美味しさは忘れられません。そんな時、積雲の雲底は涼しく、とても快適です。空の格言に児童文学作品『オズの魔法使い』の「我が家にまさるところなし（There's no place like home）」をもじった、「雲底にまさるところなし（There’s no place like cloudbase）」というものがあります。ナロマインでは本当にそのように実感することができました。青空の下を飛ぶと太陽からの直射日光でジリジリとした熱さを感じますが、雲底は本当に涼しくて暑さをしのぐことができます。雲底にまさるところなし！

航空整備士として活躍する仲間のベストショット！雲を触るのも夢じゃない！
（前席：前濱泰平、後席撮影：上田鉄矢）

 ちょこっとコーヒーブレイク

有人宇宙船に初めて翼が付いたのは「スペースシャトル」です。スペースシャトルも宇宙から地球に滑空して帰還する「グライダー」です。スペースシャトルの滑空比（L/D）は速度によって変化します。極超音速（マッハ5以上）でL/D=1.3、 亜音速（音速に近い速度）でL/D=4.9です。(*2) 滑空比が高ければ、滑空距離も伸びます。一般的な競技用のグライダーの滑空比はL/D=43です。翼長が長いものだとL/D=60のものもあります。(*3) そのようなグライダーと比較すると、スペースシャトルの滑空比は良いとは言えません。スペースシャトルは滑空比を小さくすることで、抗力を増し、大気圏再突入から減速できるように設計されています。

大気圏再突入の爪痕（背面）

Kennedy Space Center展示のスペースシャトル

第５章　先輩パイロットの声（グライダー編）

"You are never given a wish without also being given the power to make it true.
You may have to work for it, however."

「夢を叶える力を持たずして、夢が与えられることはない。だけど、努力は必要だ。」
- "Illusions: The Adventures of a Reluctant Messiah" Richard Bach

かつて空を飛びたいと思ったとき、筆者はどうすれば良いのか分かりませんでした。「とにかく飛ぶためにはお金が掛かる。そのためにはお金を貯めてからでないと訓練できない」という思いがありました。家族にパイロットやスカイスポーツに親しんでいる人がいれば自然とアドバイスをもらえたかもしれませんが、筆者の場合、家族や親戚に空を飛ぶ人がいませんでした。2012年、自身でもお金のやり繰りができそうなグライダー飛行に出会い、2018年に陸上単発機の自家用操縦士の資格を取得してから、勉強会や飲み会でいろいろな飛び方を体現されてきたパイロットの方々と出会うことが増えました。「先輩パイロットの声」は、空を飛ぶ前の筆者が知っていたら、どんなに励まされたかと思う情報を集めたものです。小学生の時にクラスの友人と交換して楽しかったプロフィール帳を思い出し、そのパイロット版をやってみようと思ったことがきっかけです。仕事として空を飛んでいるパイロット、趣味で空の世界を楽しんでいるパイロット、共通する思いは、これから空を目指す人に『大空の楽しさと厳しさを知り、安全に空を飛んでもらいたい』という願いです。日々の忙しさに追われているにも関わらず、これから空を目指す人のためにと快くご協力してくださった方ばかりです。

「先輩パイロットの声」を集める過程ではさまざまな声もありました。「本当に思い出深いフライトは楽しいことばかりでなく、危ないと思った時の方が多いかもしれない」、「ヒヤリハットの話の方がためになる情報だけど、そういう話をすると未だ叩かれる傾向がある」、「公表するものは当たり障りのない話しかできないね」など。空の世界には「ハンガートーク」と呼ばれるものが存在します。英語の「ハンガー（hanger）」は、「格納庫」を意味します。したがって、「ハンガートーク」とは、「格納庫で交わされるパイロットの何気ない会話」のことを指します。本当に大切な情報や安全に関わる会話は、このハンガートークで伝わることも多々あります。フライトで本当に危ないと思った経験や面白い出来事や悲しい出来事は、ここに登場する先輩も心にしまっているかもしれません。ぜひこれから空を目指す人は、人から直接話を聞き、ハンガートークに積極的に参加することも大切にしてください。耳を澄ませて、先輩パイロットの声に耳を傾けてみましょう。

先輩パイロットの声（グライダー編）：計33名（順不同）

氏名：	安藤　大輝　（あんどう　たいき）
生まれた年：	1998年
自己紹介：	都立産業技術高等専門学校航空宇宙工学コース中退。元航空自衛隊航空学生。現在は慶應義塾大学文学部第１類（通信教育課程）に在籍。大学では心理学と社会学（Arts-Based Research）を主に学んでいる。16歳からNPO法人学生航空連盟に所属。
空を飛びたいと思ったきっかけ：	航空系エンジニア志望だった高専1年生の時、良い航空機を造るためにはそれを使う人（＝パイロット）の気持ちが分からないといけないと思いグライダーで飛び始めた。
飛び始めた年齢：	16歳
初ソロ日：	2015年10月18日
ホームフィールド：	加須滑空場（NPO法人学生航空連盟）
搭乗機体：	・滑空機：PW-6U, B1-PW-5D, ASW28, Discus b, ASK21, Blanik ・動力滑空機：HK36TTC ・自衛隊機：T-7
飛行経歴：	・滑空機　離発着回数：約280回、飛行時間：約50時間
保有資格：	・2016年：自家用操縦士上級滑空機（加須、NPO法人学生航空連盟） ・2017年：航空無線通信士（総務省）
私の空の飛び方：	高専生時代、毎週日曜日に行く滑空場という場所は、平日高専の授業で習ったことを空の上で確かめるための実験場であった。元々は航空機の設計士を目指して飛び始めたが、すぐに飛ぶこと自体が目標となり、18歳でグライダーの自家用操縦士を取得して、翌年に航空学生に入隊。プロを目指すも一身上の都合によりすぐに退職した。その後のフライトは少々病んでいた気がする。サーマルのコアに入ること、滞空すること、遠くへ行くことの一つ一つに命を張ると生きている実感が湧いてくる気がしていたと思う。よくないね。
飛行ブランク期間とその理由：	大学入学後は勉強と仕事の両立に忙しく半年ブランクが空き、その後一回復帰したが、またブランクに入っている。心の奥では「飛ばなきゃな」と感じるが、今は飛ぶことよりも学費を稼ぎ、少しでも自立することの方が自分の中での優先度が高い。
思い出深いフライトや出来事：	・長野の山を使ったフライトで雲の上を飛んだこと。加須の平野とは違い山の上は気流が荒く、無意識に操縦桿を小刻みに動かしていたようで、現地の教官に「スティックを触るな！」と怒られた。長野の山を飛ぶ人たちは空の仙人だと思う。 ・自家用操縦士の実地試験では口述試験が長引き、まだフライトの試験を行っていないのに時刻は16時を過ぎていた。ランウェイを眺めていた試験官に対し「日没が迫っています。そろそろ飛びませんか？」と私が意見したところ、彼に「君は自分のことを客観的に見すぎだ！若いんだから試験中は自分のことだけを考えていればいいんだ！」と怒られた。「パイロットが客観的で何が悪い！」と当時は思ったが、今は私も丸くなり、「パイロットが客観的で何が悪いのでしょうか」と思う。 ・航空学生の3次試験（T-7によるフライト試験）では3年間グライダーで磨き上げてきた操縦技能をぜひ航空自衛隊のパイロットに見て頂きたいと思い、張り切って挑んだ。試験後のデブリーフィングでその応えを聞けるかと思ったが、4フライトのうち4回ともおおよそ「なにもいうことないね、以上」で終わり、最速でブリーフィングルームを退室。パイロットと話を続けている他の受験生が羨ましかった。
空を目指す後輩へのメッセージ：	第二次世界大戦の撃墜王エーリヒ・ハルトマンも、レッドブル・エアレースの元世界チャンピオン室屋義秀選手も、ハドソン川の奇跡の機長チェズレイ・サレンバーガー三世も、みんな最初は“グライダー”パイロットだった。彼らのような素晴らしいパイロットになりたければ、まずはグライダーに乗ってみよう。

氏名：	石井　秀雄　（いしい　ひでお）
生まれた年：	1951年
自己紹介：	高校1年の時から読売玉川飛行場の読売学生航空連盟に入りグライダーを始めました。1969年8月の日本高等学校滑空選手権大会で団体優勝。その後、1989年にオーストラリアに移住して仕事をリタイアする頃までグライダーは殆どやっていませんでしたが、55歳からナロマインのグライダークラブに入会して再び飛び始めました。NPO法人学生航空連盟、Narromine Gliding Club（NSW AUSTRALIA）。
空を飛びたいと思ったきっかけ：	高校の先生が読売学生航空連盟の教官で勧めてくれた。
飛び始めた年齢：	16歳
初ソロ日：	高校3年の時群馬県太田飛行場で
ホームフィールド：	Narromine Gliding Club
搭乗機体：	・滑空機：H-22, H-23, 三田改, Blanik, K-7, ASK13, Twin Astir, Astir, Duo Discus
飛行経歴：	・滑空機　ウィンチ：116回、32時間 飛行機曳航：321回、283時間
保有資格：	・GFA（Gliding Federation of Australia）C 賞
私の空の飛び方：	今は夏に飛んで冬は飛ぶことは殆どありません。飛行記録とかメダルには全く興味がなく、楽しく安全にクロスカントリーをすることが目的で飛んでいます。昼前に離陸して夕方に帰る飛び方です。ナロマインはヨーロッパのベテラン達も多く来るので、Duoに一緒に乗ってクロスカントリーの方法など教えて貰ったりします。
飛行ブランク期間とその理由：	大学からは他の事もしたくてグライダーから離れてしまいましたが、その後就職・結婚などでお金も時間も無くなってしまい、時々学生航空連盟には顔を出していましたが飛行活動は出来ませんでした。1989年からオーストラリアに移住し、こちらはグライダーの飛行条件が良いと聞いていたので何時かはまた飛びたいと思っていました。55歳頃から時間的に余裕が出来たのでフライトを始める事が出来ました。今までに友達と動力機に何度も乗りましたが、興味がわきませんでした。
思い出深いフライトや出来事：	・学連OBの松倉さんと２人でサーマルから抜け出した後、積雲の上にどんどん上がって積雲が下に見えるようになった時の美しさに感激して、これがウエーブだと分かりました。 ・春、一面菜の花畑の上でサーマリングしていた時、最初は黄色一面で感激していたのですが、そのうち菜の匂いで鼻が痛くなって頭痛もしてきて移動しました。
空を目指す後輩へのメッセージ：	もし興味があれば何でもやってみること。私が今グライダーに興味を持っている理由は、なんて自然の力は凄いのかと感じられるからです。私の住んでいるところが自然条件が良い事もありますが、こんな重い物が何時間も空に動力なしで飛んでいられるのかと驚きます。日本ではウィンチが主で飛行時間もあまり取れませんが、出来ることでしたらオーストラリアに来て、自然の力、グライダーの素晴らしさを味わってください。

氏名：	今瀬　和徳　（いませ　かずのり）
生まれた年：	1953年
自己紹介：	28歳の時にハンググライダーに出会い飛び始めるが、仕事が忙しく程なく遠ざかる。43歳の時にパラグライダーにエンジンを付けて飛んでいるのを見てはまる。2014年1月、フロリダで陸単を取ろうとして渡米したが挫折。日本に戻ってきてすぐ守谷飛行場でマイクロライトにはまる。2015年1月、知人の誘いでウィンチ曳航のグライダー体験をしてまたはまる。
空を飛びたいと思ったきっかけ：	小さい頃から飛んでいる夢を見ていました。
飛び始めた年齢：	28歳
初ソロ日：	2015年11月22日（滑空機）
ホームフィールド：	埼玉県・読売加須滑空場
搭乗機体：	・グライダー：PW-6U, B1-PW-5D, L-23, G109, HK36TTC（モーターグライダー） ・陸上単発機：PA28
飛行経歴：	・滑空機 @埼玉県・栗橋 離発着回数：約314回 飛行時間：約42時間 資格：自家用操縦士上級滑空機 ・エンジン付飛行機（超軽量動力機） @守谷飛行場、坂東フライング場外離着陸場 飛行時間：300時間 資格（東京航空局資格要件確認）：舵面操縦型クラスⅠ, Ⅱ, 操縦士 指導者：体重移動操縦型クラスⅠ, Ⅱ, 安全管理者 ・エンジン付パラグライダー 飛行時間：500時間 資格（日本パラモーター協会技量認定 CLASS-Ⅰ, Ⅱ, INSTRUCTOR）
保有資格：	・2013年：航空特殊無線技士 ・2014年：第2級陸上特殊無線技士 ・2016年：自家用操縦士技能証明取得（場所は加須滑空場）
私の空の飛び方：	毎週日曜日はグライダーと決めていて、最近では天候などで1日でも休みになったりするとルーティーンワークが崩れるようでダメですね。土曜日は基本マイクロライト関係のフライトの活動日に充てています。
飛行ブランク期間とその理由：	加須滑空場で飛び始めてからは、ブランクはありません。
思い出深いフライトや出来事：	【滑空機】 ・初めてのウィンチ曳航での体験フライト ・ソロフライト 【超軽量動力機】 ・単座機クイックシルバーでの初ジャンプ飛行 ・複座機ML（MicroLeave）での初ソロフライト 【エンジン付パラグライダー】 ・夕日を見ながらのフライト：エンジン全開で高度を上げていくとなかなか太陽が沈まないんですね。
空を目指す後輩へのメッセージ：	飛びたいと思った時、飛べるのが最高で

氏名：	岩河　信勝　（いわかわ　のぶかつ）
生まれた年：	1943年1月1日
自己紹介：	飛行機好きで、小学校から高校までは自作の模型グライダー、エンジン機など設計図を書き、自分で作って飛ばしていた。大学では二子玉川の読売飛行場にあった学生航空連盟に加入して、毎週グライダーで飛んでいた。1970年代から1990年代まで休み、それ以降は毎週参加。
空を飛びたいと 思ったきっかけ：	エンジンがないグライダーは自然との一体感とその読みと駆け引きがたまらない魅力。また、グライダーの空気力学的形状に魅了され、それにチャレンジしたくなった。
飛び始めた年齢：	20歳
初ソロ日：	1964年3月
ホームフィールド：	読売二子玉川飛行場・・・昔 読売加須滑空場・・・・・今
搭乗機体：	・滑空機：H-22, H-23A-3, H-32, 三田3, SS1, ASK13, Ka6CR, K6E, K8B, L-33, PW-5, PW-6U, ASW24, ASW28, Duo Discus
飛行経歴：	・国内記章 A章： 簡単なので取得せず B章： 第501号：1964年 8月25日 C章： 第295号：1965年10月27日 銅章：第92号：1967年 ・国際記章 銀章： 第1117号：2009年 4月6日
保有資格：	・1964年：自家用操縦士滑空機中級：読売二子玉川飛行場 ・2001年：自家用操縦士滑空機上級：読売大利根滑空場 ・1998年：航空特殊無線技士
私の空の飛び方：	気候が良いシーズンに自転車で多摩川べりを走る。車の運転も好きで、BEETLE以来のVW（フォルクスワーゲン）ファンで、「GOLF GTI」と続き、現在は「UP GTI」（マニュアル）で毎週滑空場通い。
飛行ブランク期間と その理由：	日本の高度成長期で仕事に追われていたこと。会社の仲間と、冬はスキー、その他の季節はテニス三昧。結婚したので、毎週グライダーはね！！！50代で昔の仲間に誘われ復帰。一度身についたものは、しばらく休んでも忘れず、復活はそんなに苦労しないで済んだ。
思い出深いフライト や出来事：	・筑波山5時間フライト。 ・オーストラリア450キロメートルのクロスカントリーフライト。 ・「ASW28」のオーナーになり、仲間と楽しんだ。 ・2008年初夏、ドイツ旅行： -グライダー発祥の地、Wasserkuppeを訪ね、草の山を見て、頂上のグライダー博物館を見学。 -Alexander Schleicher社を見学。 -アルプスの麓のUnterwossen滑空場で体験飛行。静かな電動ウィンチ曳航で「ASK13」に搭乗。シーズン、天候も最高で、緑の山々に囲まれて良い体験をした。
空を目指す後輩への メッセージ：	・無理せずに安全第一 ・飛べば飛ぶほど魅了されるスポーツ ・目標はクロスカントリー ・最高の仲間と青春を今でも謳歌している

氏名：	岩澤　ありあ　（いわさわ　ありあ）
生まれた年：	1988年
自己紹介：	学生時代、グライダー飛行に出会う。社会人になって約半年間、土曜日は埼玉県の藤岡でスカイダイビングをして、翌日の日曜日には、埼玉県の栗橋でグライダー飛行を楽しんでいた。
空を飛びたいと思ったきっかけ：	好きな宇宙に近づきたいと思ったから。
飛び始めた年齢：	24歳
初ソロ日：	2016年10月10日（体育の日）（滑空機）
ホームフィールド：	埼玉県・読売加須滑空場（NPO法人学生航空連盟）
搭乗機体：	・滑空機：PW-6U, B1-PW-5D, Blanik, Twin Astir, ASK13, Duo Discus, HK36TTC（モーターグライダー） ・陸上単発機：PA28-161
飛行経歴：	・滑空機 @埼玉県・栗橋、オーストラリア・ナロマイン 離発着回数：約354回 飛行時間：約79時間 ・エンジン付き飛行機 @アメリカ・フロリダ州・ベロビーチ 飛行時間：80時間 ・スカイダイビング @埼玉県・藤岡 ジャンプ回数：22回 フリーフォール飛行時間：18分10秒
保有資格：	・2012年：航空無線通信士 ・2018年：固定翼機自家用操縦士資格（FAA）取得。 日本自家用操縦士資格（JCAB）に書き換え。
私の空の飛び方：	趣味で週1回日曜日、ウィンチ曳航のグライダー飛行を楽しんでいます。「この先に宇宙がある！」と感じながら急角度で離陸するウィンチ曳航が大好きです。海外で固定翼機の自家用操縦士の資格取得後も日本ではフライト代が高いため、グライダー飛行を楽しんでいます。
飛行ブランク期間とその理由：	2014～2015年、仕事が多忙を極め土日は家で休んでいました。フライトに復帰したとき、1年のブランク後でも再び滑空場のコミュニティーに温かく迎え入れてくれたことが嬉しかったです。
思い出深いフライトや出来事：	・訓練開始5年後のソロフライト！ ・トンビとのソアリング（まだ目は合ったことはない）。 ・上空から地上を見て畑に「夢」と書いてあったフライト。 ・国際宇宙ステーションのロボットアームの母と言われる女性エンジニアの大塚聡子さんに『空の飛びかた』（ゼバスティアン・メッシェンモーザー作・関口裕昭訳、光村教育図書株式会社、2009年）という本をプレゼントしてもらったこと。
空を目指す後輩へのメッセージ：	千里の道も一歩から。急がば回れ。焦らず、ゆっくりと。

氏名：	上田　鉄矢　（うえだ　てつや）
生まれた年：	1989年
自己紹介：	生い立ち：大学から東京に上京。自然相手の遊びが好きで、大学1年からNPO法人学生航空連盟に入会して、グライダーの操縦練習を始めた。国内資格取得。米国での資格取得を経て、関東で10年間の操縦経験を積む。所属：NPO法人学生航空連盟。
空を飛びたいと思ったきっかけ：	大学1年のときにパラグライダーを見た
飛び始めた年齢：	19歳
初ソロ日：	2011年8月
ホームフィールド：	埼玉県・読売加須滑空場
搭乗機体：	・滑空機： ASK13, B1-PW-5D, PW-6U, Discus b, Duo Discus, ASW28, Twin Astir ・陸上単発機：Cessna 172P
飛行経歴：	・滑空機 離発着回数：473回 飛行時間：132時間 ・エンジン付き飛行機 @アメリカ・テネシー州 飛行時間：58時間 資格：固定翼機自家用操縦士
保有資格：	・上級滑空機 ・動力付滑空機 ・陸上単発機（Knoxville Flight School CenterInc.）
私の空の飛び方：	大学生時代から10年間、グライダーを楽しみました。毎週土日を滑空場で過ごし、空高く遠く飛べるフライトを求め続けていました。いつかグライダー活動に戻れる日を楽しみにしています。地上に降りた今でも、高いところに一人で向かうことが好きで、登山が趣味になっています。
飛行ブランク期間とその理由：	現在、福井県で登山を楽しんでいます。
思い出深いフライトや出来事：	・同乗訓練中、赤い「Ka6E」とガグル（群れ）を組んだフライト ・ファーストソロのフライト ・初めて9キロメートル圏外にでた時の慣れない空域を飛ぶフライト ・ハワイのディリンハム、オーストラリアのナロマインでのフライト ・滞空5時間達成のフライト ・滝川で初めて飛んだとき、教官の飛び方が段違いに上手かった ・関東平野を見渡せる視程のなかで、高度をぐんぐん上げた爽快なフライト
空を目指す後輩へのメッセージ：	一度空を飛ぶことの楽しさを味わってしまえば、その日から空を見上げ、雲を仰ぎつづけ、地上にいる間はずっと空に戻りたいと思い始めることになります。空を飛んだことのある人だけが、その楽しさに気づくことができる世界です。

氏名：	小川　昌義　（おがわ　まさよし）
生まれた年：	1969年
自己紹介：	学生の時にパイロットになる事を夢見ていまいしたが、身近に航空業界の人がいなく情報も少なかった為、パイロットの目指し方がわからない時期が長い間ありました。図書館や本屋で色々と調べましたが、自衛隊に行く事は親に許されず、民間のプロパイロットを目指すにはコストが掛かる事を知り、まずは社会人になって訓練費用を貯めてからパイロットを目指すつもりでした。しかしながら、プロのパイロットになる為には様々なハードルを乗り越える必要があり、更に「大空を自由に飛べない」ことに気が付き、プライベートパイロットになる事に方向転換をしました。現在の仕事は第二希望だったドイツの自動車メーカーに勤務している会社員です。
空を飛びたいと思ったきっかけ：	幼少期の頃から空を飛んでいる夢を見ることが多く、大空にあこがれがあり、「大空を自由に飛べたら楽しいだろうなぁ～」と思いながら紙飛行機などでよく遊んでいる子供でした。小学生の頃のとある日に、航空自衛隊のブルーインパルスの存在を知り、どうしても展示飛行が見たくて、親に頼み込んで入間基地航空祭に連れて行ってもらいました。生で見た展示飛行はとても感動し、将来は航空自衛隊のパイロットになって「ブルーに乗るんだ！」と決意した事がきっかけとなりました。
飛び始めた年齢：	28歳
初ソロ日：	2019年8月18日
ホームフィールド：	加須滑空場
搭乗機体：	セスナ型（機種不明 3機）PW-6U, B1-PW-5D, HK36TTC
飛行経歴：	・1991年頃に知人パイロットとセスナ型の機体で飛んだのが初めて ・1998年頃に加須滑空場で初めてグライダーに搭乗し、数回フライト ・2017年に加須滑空場にてグライダーに再搭乗 ・2018年1月より加須滑空場にてグライダー飛行訓練開始、同年にモーターグライダーに初搭乗
保有資格：	練習許可書のみ
私の空の飛び方：	グライダー訓練を開始してからは、基本毎週日曜日（訓練実施日）。過去にパラグライダー、モーターパラグライダー、スカイダイビングなどスカイスポーツの経験あり。フライト以外では、レーシングカート、バイクツーリング、ゴルフなど。
飛行ブランク期間とその理由：	20代の頃は、バイク、ジェットスキー、レーシングカートなど様々なモータースポーツをしていましが、憧れの「空」にはなかなか縁がなく、28歳の頃にグライダーと出会い訓練開始を試みました。しかしながら、それまでの業務は自動車の技術系でしたが人事異動で職務内容が大幅に変わり、新たな世界の勉強を要求されたために訓練開始が先延ばしになりました。業務と勉強に追われる日々を過ごしながら、何度かモーターパラグライダーやスカイダイビングを経験しましたが満足できず、気づけば17年以上の歳月が経過していました。再度、グライダーとの縁があり滑空場へ足を運んで空を飛んだ際に、グライダーの訓練を開始しようと決めました。
思い出深いフライトや出来事：	やはりファーストソロフライトです。「大空を自由に1人で飛んでいる！」と思った瞬間の感動は忘れられません。子供の頃からの夢がかなった瞬間です！ 　子供の頃からの夢がかなった瞬間はもう1つあります。縁があり現役のブルーインパルス（T-4）1番機のコクピットに座らせてもらった事があります。キャノピーを閉めラダーを調整し、操縦桿を握り、計器を見ながら外を見た時は、「このまま飛びたい！」と思いながら、とても感動した瞬間でした！！！

思い出深いフライトや出来事（続き）：	また、少し不思議な感覚のフライトを経験した事があります。（フライト経験が長い人は良くある話しかもしれませんが）友人と3人で小型機を借りて、名古屋空港から海の方向へフライトをした時に、空全体の色と海面の色が同じになった為に水平線が確認できず、姿勢指示器で合わせると機体が斜めになっている感じがして、「計器を信用して！」と言われた事が印象に残っています。
空を目指す後輩へのメッセージ：	空は素晴らしい世界です！誰でも経験できますが、感動的な「空」を経験できるのは少数かもしれません。少しでも空に興味があるのであれば、1日でも早く感動的な「空」を経験して下さい！ 空の世界は陸上とは違い、様々なハードルがあるかもしれません。実際に空の世界へ飛び込んでみると、自分で勝手にハードルを上げている事に気が付くことも多々あります。仕事をしながら、趣味で飛ぶ事は出来ます！ようはやる気次第！やりたいか、やりたくないか、やるか、やらないか、です。人生やらなかった事に後悔しますが、やった事に後悔はしません！反省する事はありますが。。。 今はとても楽しいので、まずは滑空機の資格を取得して、次は陸単かな！？

ちょこっとコーヒーブレイク

動力がないグライダー（滑空機）では、どれくらいの高度まで到達できるのでしょうか？一般的な旅客機が飛ぶ高度は地上から約10キロメートルです。一方、宇宙の高度は地上から約100キロメートル（米軍の定義は約80キロメートル）と定義されています。

世界にはグライダーで成層圏、高度30キロメートル（100,000フィート）を目指している壮大なプロジェクトが存在します。エアバス社が後援しているプロジェクト「PERLAN」です。「PERLAN」は、欧州スカンジナビア半島などの高緯度地域の成層圏で観測される「真珠母雲（pearlescent stratospheric clouds、mother-of-pearl clouds）」が由来です。真珠母雲は、極域の高度20～30キロメートルに現れる、真珠（pearl）をつくるアコヤ貝のような虹色の光沢をもつ彩雲として知られています。アイスランド語で真珠を意味する「PERLAN」がプロジェクト名に採用されています。

このプロジェクトでは山岳波（風が山を越えることによって生じる大きな波）を利用して、グライダーは高度を獲得していきます。世界で強い山岳波が観測されている場所には、アメリカのシエラネバダ山脈やロッキー山脈、南アメリカのアンデス山脈、ニュージーランドの南アルプス山脈、スウェーデン最高峰のケブネカイセ、欧州のアルプス山脈、ロシアのウラル山脈などがあります。(*1) そのような候補地の中から英語圏であることや日照時間などが考慮され、プロジェクトのフライト地にはアルゼンチンやニュージーランドが選ばれています。

2018年9月2日、アルゼンチン南部にあるエル・カラファテ（El Calafate）で、パイロット2名が搭乗する機体「Perlan2」により、高度76,100フィート（高度23.2キロメートル）が記録されました。（FAI公式記録はGPS高度74,334フィート/22,657メートル）

氏名：	加藤　俊一　（かとう　しゅんいち）
生まれた年：	1955年5月
自己紹介：	東京生まれ。1958年から相模原市南区在住。東海大相模高校でグライダーを始める。（旧）読売学生航空連盟（加須）。2011年からモーターグライダーを始める。神奈川県トヨタ系ディーラー嘱託勤務。
空を飛びたいと思ったきっかけ：	高校に航空部があり、面白そうなので入部
飛び始めた年齢：	高校1年生の15歳（1971年）
初ソロ日：	1973年1月、82回、ASK13 @ 加須
ホームフィールド：	大利根飛行場（茨城県）
搭乗機体：	・滑空機：H-22, H-23A, H-23C, H-24, H-32, 三田3, ASK13, ASK21, Astir CS77, 2-33, 1-26, PW-6U, Ka6E ・MG（モーターグライダー）：SF25, H36, HK36, G109 ・飛行機：C172, C182, A36, PA28, TB9, PC6, YS11, AS350, HSS2
飛行経歴：	・1975年6月：グライダーの資格取得 ・1976年3月：機体H-32で距離飛行（加須～大利根） ・1979年8月：ハワイで5時間飛行（銀章取得） ・1980年8月：日本での競技大会に機体「Ka6E」で参戦 ・1986年1月：ウェーブ大会参加（その後ブランク） ・2011年5月：SAF-MGクラブでモーターグライダーを始める ・2013年1月：モーターグライダーの資格取得 ・飛行時間 540時間
保有資格：	グライダーとモーターグライダー
私の空の飛び方：	月に2～3日、モーターグライダーでお空の散歩
飛行ブランク期間とその理由：	1990～2010年まで仕事が忙しく、また会社の休みと土曜日曜フライトのクラブと合わない。妻から家庭と子供の事を優先しろと言われ続け、フライトはお休み。たまにOB会で乗せてもらう。2011年に平日でも練習可能なモーターグライダーを始める。
思い出深いフライトや出来事：	・「グライダー日本選手権」 グライダーでのクロスカントリーは読みと判断力、集中力を使う知的なSKYスポーツで奥深く楽しい。 ・「モーターグライダーでの山岳ロングNAVI」 日本の山は天気が急変し、雲と乱気流に悩ませられる事が多い。でも、山岳フライトの景色は最高。気象予測とナビ精度を向上していきたい。
空を目指す後輩へのメッセージ：	自分の操縦でどこでも飛べることが好き。フライトはバランス感覚等、幅広く勉強出来て楽しいよ。お金も練習時は掛かるけど、安い料金のところもあります（モーターグライダーは安い）。練習許可書（身体検査）を取りに行きましょう。アメリカで飛行機の資格取得後、日本で飛ばない人が多すぎ。もったいないね。若い人のオートバイ、車、グライダー、世界的にも減少しているみたい。相談乗ります。

氏名：	金子　辰典　（かねこ　たつのり）
生まれた年：	1988年
自己紹介：	大学で勧誘され、航空部で飛び始めました。旅行が好きで、まとまった時間をかけて色々なことができるライフスタイルが自分の人生にはあっているかなと思い、貨物船の航海士（だいたい3ヶ月働いて1ヶ月休暇）になりました。
空を飛びたいと 思ったきっかけ：	特にないです。入った部活がたまたま空を飛んでいた、という感じです。何かで日本一になりたかったので、競技人口が少なく、ほとんどの人が大学から始める航空部なら勝つ見込みは十分あるなと思いました。
飛び始めた年齢：	19歳
初ソロ日：	2008年6月8日
ホームフィールド：	妻沼、加須
搭乗機体：	・滑空機：ASK13, ASK18, ASK21, ASK23B, ASW24, LS4-a, LS8-18, Twin Astir, Single Astir, PW-6U, Discus a, Discus b, Duo Discus X, Arcus ・動力付き滑空機：HK36TTC スーパーディモナ ・陸上単発：セスナ172
飛行経歴：	・滑空機：162時間、440発 ・陸上単発：60時間
保有資格：	・自家用操縦士 （上級滑空機）2009年取得。朝日学連の指定養成所にて。 （陸上単発機）2017年取得。ハワイのノアフライングにて。 （動力付き滑空機）2019年限定変更。
私の空の飛び方：	休暇中に離着陸の技量維持のため、どこかしらで数発飛ぶようにはしています。春と秋はグライダーとオートバイで気が向いたほうをやります。夏はあまり条件良くないので（最近いいのかな？？部活の後輩の試合で30キロメートルぐらいのタスクが出ている。僕の現役時代はそんなことなかった…）ロードバイクかサーフィン、秋にまたグライダーとオートバイに戻ってきて、冬は条件悪いので、暖かい国で休暇を過ごす、という飛びかたです（休暇があえばオーストラリアに飛びに行きたいです）。ウェーブの飛びかたを覚えたら、冬もグライダーで遊ぶと思います。
飛行ブランク期間と その理由：	7年くらいだと思います（ですが、まったく飛ばない年はたぶんなかったと思います。航空部のOB搭乗会だったり、ツーリング先で滑空場に寄ったり、オーナー機のクラブに顔を出したりして、ジョイフライトはしていました）。最近復帰したばかりです。離れていたのは他にもやりたいことがあったからです。目標にしていた300キロメートルも飛べたので、グライダーに一区切りつけて、他のやりたいことも進める時期かなと思ったのでお休みしました。
思い出深いフライト や出来事：	はじめて50キロメートルのアウト＆リターンタスクをクリアしたフライトです。それまでは大会で勝つために飛んでいたので、飛ぶことに特に思い入れはありませんでした。けれど、そのフライトで感動して（後で冷静になって考えてみるとまったくもってばかげていますが）、「いままで生きてきて一番感動した。たった2時間のフライトで。じゃあ、生まれてからの20年よりこの2時間のほうが自分にとって価値があるんじゃないかな？」と思いました。そういう気持ちになれることが人生であと何回あるのかわかりませんが（たくさんあったらいいな、と思います。もしかしたらもう無いかもしれないですが）、でも、そういうものに少しでも近づけるライフスタイルを自分は選びたいな、と思いました。そこから逆算していまの仕事やらなんやかんやを決めたので、今でもとても思い出深いフライトです。

空を目指す後輩へのメッセージ：	空を飛ぶことに限らずですが、何か目指すことがあるならやってみるのがいいんじゃないでしょうか。そして、それがいくつもあったとしても、やはり全部やるべきだと思います。 次は500キロメートルタスクが目標です。記章はあくまで目安、個人的にはそこまで思い入れはないですが、技量をはかるにはやはり何らかの目安が必要だと思いますので。平均100km/hくらいの技量を身につけることが500キロメートルを目指す本来の目的です。（100km/h×5時間フライトで500キロメートル） 飛行機遊びは面白い遊びだと思いますし、楽しみかたはいろいろとあると思います。記章を目指す人、レースを目指す人、アクロバット飛行に挑戦する人、ただのんびり飛ぶのが好きな人、メカニカルな部分に興味がある人。空撮が趣味でグライダーをやっている、という人にも出会ったことがありますし、僕の大学の航空部には、グライダーを飛ばすウィンチのオペレートが好きで航空部を最後まで続けた人さえいました。飛びかたにはルールがありますが、遊び方にはルールはないと思います。ですので、一度やってみて自分にあった楽しみかたをみつけてみてはいかがでしょうか。

氏名：	久保　亘弘　（くぼ　のぶひろ）
生まれた年：	1971年
自己紹介：	地元工業高校に入学し、兄が既に入会していたクラブに入会。現在は趣味としてクラブに所属し、重機販売メーカーでメカニックに従事。NPO法人学生航空連盟。38ソアリングクラブ。
空を飛びたいと思ったきっかけ：	子供の頃、毎年見に行っていた農薬散布のヘリコプター
飛び始めた年齢：	15歳
初ソロ日：	1988年5月5日（ASK-13）
ホームフィールド：	埼玉県・読売加須滑空場
搭乗機体：	・滑空機：PW-6U, B1-PW-5D, Twin Astir Trainer, ASK13, Ka8B, Ka6CR, Ka6E, H-32, ASW28, Discus b
飛行経歴：	・滑空機 離発着回数：647回 飛行時間：157時間
保有資格：	・滑空機（上）1995年取得 読売大利根滑空場（当時）、学生航空連盟
私の空の飛び方：	家庭の用事と仕事でなかなか時間が取れず、技量維持のため年間数回のフライトを死守。中学時代にやっていたソフトテニスを子供と子供の部活仲間と一緒にやったり。子供を連れてキャンプ。
飛行ブランク期間とその理由：	現在ブランク状態！家庭持ちだとなかなか自分の時間が取れませんね。（あと資金繰り）
思い出深いフライトや出来事：	・ファーストソロ ・学生時代の仲間との同乗飛行 ・初めて子供を乗せた時 ・護岸工事で滑走路に巨大水溜まり出現 ・「Ka-8」レストア完成後のトレーラー改修作業 ・入会した頃は、高校生のみで全てオペレーションを行っていた。滑走路整備からウインチ整備まで全て実践で経験し、のちの就職や業務内容に大きくプラスになった。
空を目指す後輩へのメッセージ：	パイロットになる夢は旅客機やセスナのパイロットだけではありません。飛ぶためのスタイルや環境を選んで探すことができれば、私のような普通のサラリーマンでもパイロットになれます。

氏名：	空に溺れた者
生まれた年	-
自己紹介：	小学校、中学校、高校を何とか卒業。以後、平凡な勤め人で、現在は年金生活者。
空を飛びたいと思ったきっかけ：	中学校の頃は模型飛行機少年だったので、将来飛行機を自分で作り、自分で飛ぶ事が無謀な夢だった。高校に入学してグライダー部の活動を見て、自分が操縦出来ないことに気が付き練習を始める。未だに夢の第一歩で止まって居る。（おかげで非行に走る事は無かった）
飛び始めた年齢：	15歳
初ソロ日：	1973年2月頃（滑空機）、関宿で初ソロまで10年
ホームフィールド：	北海道滝川スカイパーク
搭乗機体：	約60機種 ・滑空機 初級機：霧が峰式K-14, KK式101A 中級機：萩原式H-22 上級機単座機：H32, Ka8B, Ka6CR/E, ASW20L, ASK23B, ASW24, LS4, LS6, LS8-18, Discus b, DG800S, 1-26, Discus2b, Pw5, SZD55, SZD51, SZD48, G102, STDリベレ, クラブリベレ, DG300E, STDシーラス 動力複座機（ソアリング型）：DuodiscusLXT, DG500M, G103SL, JanusCM 動力複座機（ソアリング型）：RF5, SF25C, SF28A, G109B, HK36TTC スーパーディモナ, シマンゴ, IS28M, タイフーンE 動力単座機（ソアリング型）：DG400, DG800A/B, ASW20TOP, KIWITOP, ASW28-18E, Discus bT
飛行経歴：	飛行時間1,800時間＋教育飛行時間1,000時間
保有資格：	・自家用操縦士（滑）：動力1990年6月、上級1975年5月 何故か上級は妻沼滑空場、動力は関宿滑空場 ・三等航空整備士（滑）：動力1977年11月、上級1976年8月 何故か上級は妻沼滑空場、動力は富士川滑空場 ・操縦教育証明：1977年12月、富士川滑空場 ・整備資格は在るが口だけ整備士状態
私の空の飛び方：	30歳前より40歳頃まで、土曜日曜祭日はフライトのため家に居なかった。（後輩の指導のためもあった）今は年に数回、北国で約1週間まとめて活動中。フライトが無い時はたまにソロキャンプ。
飛行ブランク期間とその理由：	高校卒業後、1年半程ブランク。社会人クラブは費用が高額なので、経済的高翼面荷重のため入会出来ず。でも、半年に一度は飛んでいた（FA200, C172）。空は逃げない。飛べない時は飛んでいることを思い、イメージトレーニング。体は覚えている。
思い出深いフライトや出来事：	・滑空機 初単独飛行と人生初のクロスカントリーでのアウトランディング。北海道での複座機で仲間と「そっちじゃない」、「うるさいぞ、黙ってろ」とケンカしながら飛んだ距離400キロメートル以上。
空を目指す後輩へのメッセージ：	短時間で飛躍的に上手になるマジックは無い。続ける事が道は遠くても近道。将来どのように楽しむかをイメージしてトレーニングする。 　飛び始めるのは空への第一歩。初ソロは空を楽しむ出発点。学生さんの場合、在学中に出来るだけのことはやる。特に資格取得。自分の場合は、資格取得は全て社会人に成ってからだったので、仕事との調整が大変だった。社会人に成ると自分の時間が少なくなる。同時にやりたいことも増えて誘惑は多い。あれもしたいこれもしたい、グライダーもしたいは難しい。

氏名：	倉林　直弘　（くらばやし　なおひろ）
生まれた年：	1995年5月13日
自己紹介：	航空専門学校で航空力学や空港業務を学んだのち、航空自衛隊に地上員として入隊。多くの表彰を受けるも、飛べない環境から脱するべく除隊。飛べる環境のある関東地方に拠点を置き、資金が貯まりしだい、世界を駆け巡り飛ぶことを目標に奮闘しています。
空を飛びたいと思ったきっかけ：	紅の豚の生活に憧れて
飛び始めた年齢：	18歳
初ソロ日：	-
ホームフィールド：	読売加須滑空場
搭乗機体：	PW-6U, FOX, ASK13, DA40
飛行経歴：	18歳からグライダーで飛び始め、2019年から海外でグライダーアクロを開始。
保有資格：	-
私の空の飛び方：	毎週日曜日のグライダーによるフライトを楽しんでいます。日曜日以外の過ごし方は、フライトの勉強もしますが、心身の健康維持及び向上のため、運動や食事および瞑想などに注力しています。
飛行ブランク期間とその理由：	航空自衛隊に入隊し、3年ほど飛行ブランク期間がありました。限られた人生のなか、健康体でないと飛べません。飛びたくて迷っている時間が惜しく除隊しました。飛ぶことに関する時間が増え、最高になりました！！
思い出深いフライトや出来事：	自家用操縦士の資格取得にあたり、海外で取得を検討していました。海外のフライトスクールを検索するなかで、アメリカのシアトルで教官をされているAero Zypangu ProjectのShinji Maedaさんの動画を拝見し衝撃を受け、すぐに訓練をしたい旨を送りました。数日後にシアトルに渡り、Maedaさんのご家族に大変お世話になりました。とても温かくステキなご家族でした。日中は奥様にBoeing Fieldに連れていただき、日本とアメリカの全てのスケールの違いを目の当たりにしました。語学の苦しみや日本のGeneral Aviationの厳しさにどのように向き合うべきかなど、Shinjiさんと濃密なフライトや生活を通して感じ取ることが多くありました。私も様々な人に挑戦できる喜びやフライトの楽しみを伝えていきたいと思いました。
空を目指す後輩へのメッセージ：	フライトをしたくて、他のことで悩んでいる時間はない！ 心身を鍛錬しフライトに注力を！！感謝を忘れずに！！！ 飛び続けるには、日々の成長を楽しむことを忘れずに。

"Make good use of "hangar time." It might be in your best interest to stick around. You can learn a lot through extended exposure. Be wary of war stories and misinformation, but soak up what you can. You might learn new techniques or safety tips. Keep doing your research - always."

「格納庫で他愛もない話をする時間を大切にしよう。その辺りをブラブラすると良い。その場に身を置くだけで、多くのことを学ぶことができる。もちろん、武勇伝やガセネタには注意する必要があるが、ためになる知識は吸収した方が良い。新しいテクニックや安全を守るコツが分かるかもしれない。いつもアンテナを張っておくこと。」

- "The Skydiver's Survival Guide"Kim Emerson, Marcus Antebi

氏名：	串山　右将　（くしやま　ゆうすけ）
生まれた年：	1990年
自己紹介：	北海道札幌市出身。民間企業勤務を経て東海大学（University of North Dakota）で固定翼機資格取得、現在国内エアラインにて副操縦士。
空を飛びたいと思ったきっかけ：	羽田でエアラインの格納庫見学をした際に技術の結晶である旅客機の美しさに魅了され、幼少より関心のあった航空宇宙業界にパイロットという形で飛び込んでみようと思った。
飛び始めた年齢：	20歳（栗橋でグライダーの体験搭乗をさせていただきました）
初ソロ日：	2016年26歳（C172S）
ホームフィールド：	関西国際空港（RJBB）、米国Grand Forks International Airport (KGFK)
搭乗機体：	C172, P-44, 8KCAB, 富士重工T-7（航空自衛隊ターボプロップ練習機）, 滑空機（機種不明）, A320-214
飛行経歴：	・2010年　埼玉県栗橋にて滑空機体験搭乗。 ・2013年　航空自衛隊幹部候補生試験不合格（T-7操縦試験経験）。 ・2015年　東海大編入学、16年より米国で訓練。 (C-172, P-44, 8KCAB) ・2018年　国内航空会社入社。 ・2020年　A320型機副操縦士。 ＜総飛行時間：約440時間＞
保有資格：	・FAA：自家用単発、事業用（単発・双発）、計器飛行証明 ・JCAB：事業用（単発・双発）、計器飛行証明、A320型式限定 ・航空無線通信士、ICAO航空英語能力証明 Level 6 ・その他：PADI Open Water Diver、気象予報士挑戦中
私の空の飛び方：	・現在はエアラインでの飛行がメインですが、いちパイロットとして視野を広く持ちつつ、面白い仕事やプロジェクトがあれば分野・場所を問わず是非挑戦してみたいと思っています。 ・滑空機と水上機の免許取得、及びスカイダイビングの機会を虎視淡々と狙っています。 ・その他、国内外バックパッカー旅行、登山、スキー、映画などが趣味です。
思い出深いフライトや出来事：	航空自衛隊のT-7に搭乗した際、駿河湾上空にてアクロバット飛行をしていただいたこと。逆さまの富士山、バレルロール、教官の無駄のない正確な操縦技量・・・大変貴重な経験をさせてもらいました。
空を目指す後輩へのメッセージ：	特に米国へ行くと実感しますが、空は少しでも興味を持った方に広く間口が開かれており、プロアマ関係なく、本当に多種多様な関わり方があります。私が最初にお世話になった教官は、民間企業で軍用ドローンを飛ばし、週末に趣味でアクロバット飛行をしています。 　私は遅れてエアラインを目指しましたが当然リスクとコストを伴い、相当覚悟を要しました。「エアラインパイロット」と聞くと未だに華やかなイメージが先行するかもしれませんが、それは多分に誤解を含んでおり鵜呑みにすると危険です。それまでの固定観念は一度脇に置き、ご自身で色々と実体験を積む中で、是非自分に合った、素敵な空との関係を見つけて下さい。人の数だけ魅力的な答えがあると思います。 　以前、栗橋での体験搭乗（2回）で大変お世話になりました。ウインチでの急加速、周りの気流を直に感じられる一体感、エンジンがない故の緊張感、どれも魅力的でした。遠からずグライダーの世界でも自由に飛び回れるよう、勉強を重ねたいと思っております。

氏名：	坂上　明子　（さかのうえ　あきこ）
生まれた年：	1968年
自己紹介：	NPO法人AOPA-JAPAN（日本オーナーパイロット協会）理事・広報委員。国際AOPA加盟国の一員として我が国のGeneral Aviation発展のため、航空環境改善に向けた働きかけ及び小型航空機を使用した社会貢献活動を行っている。（公社）日本滑空協会、NPO法人関宿滑空場、　NPO法人学生航空連盟会員。
空を飛びたいと思ったきっかけ：	大学入学時、キャンパスに機体展示があり興味をもった。
飛び始めた年齢：	18歳
初ソロ日：	1988年12月27日　ASK13（滑空機）
ホームフィールド：	千葉県　関宿滑空場
搭乗機体：	グライダー40機種、飛行機11機種
飛行経歴：	・1986年　日本学生航空連盟に所属しグライダー訓練を始める ・1991年　米国にて飛行機自家用免許取得（陸上単発） ・1992年　滑空機自家用免許取得（グライダー上級） ・1994年　米国にてグライダー日本記録 絶対高度8,687メートル等、公認日本記録5つ達成 ・1996年　ポーランド曲技飛行選手権（MISTRZOSTWA POLSKI）グライダー部門　9位（特別表彰） ・1997年　オーストラリアにてFAI（国際航空連盟）3ダイヤモンド章達成（日本人女性二人目） ・1997年　操縦教育証明（飛行教官）免許取得 主に木曽川滑空場や福井空港にて学生の操縦教育を担当 ・2000年　出産育児のため引退 ・2017年　空の世界に復帰（ブランク17年） ・2019年　米軍横田基地での友好祭にフライイン参加 横田基地初のモーターグライダー展示と来場者のコックピット体験に協力 ・総飛行時間：約800時間
保有資格：	・1991年3月　固定翼機自家用操縦士資格（FAA）取得 米カリフォルニア州HISER Helicopters Corona CA ・1991年6月　航空特殊無線技士免許取得 ・1992年1月　日本自家用操縦士資格（JCAB）に書き換え ・1992年9月　滑空機（上級）自家用操縦士資格取得 日本学生航空連盟の指定養成、木曽川滑空場 ・1992年10月 滑空機（動力）自家用操縦士資格取得（書き換え） ・1994年6月　滑空機自家用操縦士資格（FAA）取得（AT限定） 米ネバダ州　Minden-Tahoe Airport ・1997年8月　操縦教育証明（滑空機）資格取得 日本学生航空連盟　福井空港 ・2017年6月　操縦技能審査員（滑空機）資格取得 東京航空局初任講習
私の空の飛び方：	土曜日を主な活動日とし、関宿滑空場で「HK36（スーパーディモナ）」をクラブ運航している。AOPA事務局業務を担当しながら、関連の行事（フライインイベント、安全講習会、社会貢献活動）等にも積極的に参加。空の活動と並行して登山とマラソンを趣味としている。山岳指導員としてトレイルランナーの安全山行のための講習会を毎年開催。フルマラソンは30回以上完走。国際レース出場経験もあるが、最近はゆっくり仲間と走ることを楽しんでいる。日本山岳耐久レース（ハセツネ）のファン。
飛行ブランク期間とその理由：	2000年2月（妊娠5ヶ月）、大利根でのフライトを最後に空の世界から遠ざかる。その後、子育て主婦として家庭中心の日々。しばらくは

飛行ブランク期間とその理由（続き）：	フライトへの未練があったが、日々成長する子供たちの世話やPTAや地域の活動に没頭する中、すっかり自分がパイロットだったことを忘れる。昔の仲間からの誘いもあり、末子の中学受験が終わった頃から徐々に復帰計画を立てる。SAF-MGクラブとのご縁で、大利根のモーターグライダーで飛行活動を再開。17年のブランクがあり、すっかり浦島太郎状態だったが、クラブの諸先輩方のサポートと週末だけでなく、平日もフライト可能な環境が整っていたお陰で短期間での復帰に成功。教育証明の資格を持っていたことも復帰の助けになった（どこのクラブでも教育証明持ちは歓迎してくれる）。
思い出深いフライトや出来事：	・初単座機「Ka6」で飛んだ時、木曽川河口の眺めがよく「ずっとこのまま空に浮いていたい」と感動した。 ・ポーランドで曲技訓練とコンペ出場。これにより自分の飛行を「外からの視点」でイメージしながら飛ぶことが出来るようになった。当時の世界チャンピオンJerzy Makula氏に師事出来て幸運だった。 ・ウェーブ（山岳波）に乗って「LS4」で28,500フィートまで上昇した時、どんどん空の色が濃くなった。「空は宇宙に繋がっている。神の領域に近づいていく……」と感じた。 ・オーストラリアで寒冷前線上を高速クルーズした。前線がハッキリと雲のラインになっているのを見て感動した。 ・アウトランディング5回ほど。それぞれに思い出や反省がある。 ・1993年航空自衛隊岐阜基地での航空祭で一日基地司令を体験。空将補を委嘱され、自分の指示で戦闘機が飛び、パレードが行われ、隊員が一斉に敬礼する姿は圧巻。金屏風と日の丸をバックに大勢の関係者に向けた登壇スピーチ等、緊張する場面も沢山あったが、一生忘れない思い出となった。 ・『雲に夢をのせて』、“Dream holiday in Australia” 70mm映画2本にパイロットとして出演。北海道の豊頃と豪州Tocumwalでロケ。日本各地の科学館やプラネタリウムなどの大型スクリーンで上映された。
空を目指す後輩へのメッセージ：	「夢はかなう！」：資格を取得して空を飛ぶことは思っているより簡単です。特別な能力は必要ありません。職業パイロットを目指す場合は、国内だけでなく海外も視野にいれたプランを勧めます。「感謝の気持ちを忘れない。」：不安になったときは、目の前のことに一生懸命になる。昔からパイロットに憧れていたわけではなく、キラキラした大学生活を夢見ていたのに、ひょんなきっかけで航空部に入部。体育会クラブ活動にどっぷりつかった4年間でした。マンガ『ブルーサーマル（新潮社）』は私の学生時代そのものを描いています。卒業後も中部日本航空連盟に所属し、たくさんの先輩や仲間が出来ました。社会人になってからも飛行活動が続けられたのは、人とのご縁がとても大きいです。海外フライトや初めての場所に行くときは、アドバイスを下さる方が必ず周りにいました。行った先でも現地でお世話してくださる方、情報を下さる方、沢山の人との関わりがあって、予想以上のフライト成果を上げられました。振り返ると、自分が頑張った部分はあまり多くなく、ほとんどが運に恵まれたこと、周りの人たちのサポートのお陰だと実感します。20代当時は、サポートしてくださった方々に十分なお礼が伝えられませんでしたが、50代になった今、先輩から受けたご恩は、空を目指す後輩をサポートするという形でお返ししたいと思っています。知識や技量の習得はもちろん大切ですが、それ以上に人との出会いやご縁を大切にすることが、その後に繋がります。コミュニケーション力とチームワークが大切です。人間関係も気象も微妙な変化に気が付けると悪化したときの早めの対処が可能です（自身の反省を踏まえてのアドバイス）。

氏名：	桜井　邦夫　（さくらい　くにお）（またの名を“紅の豚ポルコ”）
生まれた年：	1948年
自己紹介：	・読売学生航空連盟OB ・民間航空会社　元自社養成課程訓練生
空を飛びたいと思ったきっかけ：	幼少期から厚木基地に離着陸する飛行機を見上げて、いつか自分も飛びたいと夢見ていた。3次元空間に不思議さと魅力を感じていた。初めて飛行機に乗ったのは小学校3年生の時、父の友人が戦闘機パイロットであったことからその縁で飛行機に乗る機会を得た。戦時中は飛燕戦闘機が常駐していた調布飛行場からセスナで離陸して、未だ出来上がったばかりの東京タワーを中心に旋回して、丹沢山、筑波山を遙かに望み、その場でパイロットになるぞと決心した。
飛び始めた年齢：	大学に入った18歳の時
初ソロ日：	忘却の彼方
ホームフィールド：	読売二子玉川飛行場、カーライル等の外国飛行場
搭乗機体：	・滑空機：H-22B, H-23C, シュワイツアー ・陸上単発機：パイパーチェロキーPA28（-140, -180, -235） パイパートマホークPA38 セスナ150, 172, 182, 210 グラマン（型式忘却） ビーグルパップ, EUROPA, Dragonfly MkII, Foxbat ・陸上双発機：パイパーコマンチPA30 ・水上単発機：セスナ172, 180 デハビランド・ビーバーDHC-2
飛行経歴：	・読売学生航空連盟にてグライダー操縦訓練、離脱回数約50回 ・英国飛行学校にて航空機操縦　飛行時間約200時間 民間航空会社自社養成派遣訓練生 （事業用操縦士課程：有視界飛行、計器飛行、航空航法、 クロスカントリー、アエロバティック飛行等） 毎年、英国マンチェスター、英国マン島、米国シアトル、豪州ブリスベン等での飛行機操縦を趣味としている。飛行時間10～15時間程度/年。従って、これまでの総飛行時間は約500時間である。
保有資格：	航空級無線通信士（旧運輸省航空局JCAB）1968年 及び（英国DTI）1971年 計器飛行証明（英国CSE）1972年
私の空の飛び方：	【フライト活動】 ・英国マンチェスターにて英国訓練時代の親友所有の陸上単発機「EUROPA」で毎年約5～10時間のクロスカントリーで操縦する。 ・英国マン島にて知り合った英国人パイロット所有の陸上単発機パイパー「PA28-235」で毎年約1時間操縦する。 ・米国シアトルにて水上単発機で毎年約1時間、操縦訓練飛行をする。 ・豪州ブリスベンにて訓練時代の先輩パイロット（日本の某航空会社の迷、いゃ名機長）所有の陸上単発機にてクロスカントリーで操縦する。2,000キロメートルの長距離飛行を実施。途中グライダーの記録会のメッカであるナロマイン飛行場に給油のため着陸。飛行場隣接のクラブハウスに投宿し、翌朝カウラに向け離陸。 【フライト以外の活動】 合唱を趣味としている。主に第九、レクイエム、メサイヤ等。合唱以外に独唱もあり、オペラのアリア、カンツオーネ、日本歌曲等。その他、柔道、フルート演奏、野菜作り、料理等。
飛行ブランク期間とその理由：	当初プロパイロット養成コースに在籍したが、厳しさの余り落伍して数十年。近年また自分に合った趣味での自由操縦を楽しみ満喫している。

<table>
<tr>
<td>思い出深いフライトや出来事：</td>
<td>
思い出深いフライト

１）初ソロ飛行で頬を流れた熱い涙。
グライダーで飛んでいたこともあることから単発訓練機では比較的早く飛行時間8時間10分でソロに出た。その日、訓練飛行場は快晴の天気に恵まれていた。教官が右席に着座してハミングをしていた。２度タッチアンドゴーした後、着陸し教官がハミングしながら今度は一人で飛んで来なさいと言いながら滑走路上で訓練機から降りてしまった。これから自分一人だ。管制塔に離陸許可の交信をしてエンジンをマックスにすると、乗員我一人になった訓練機は軽々と離陸した。500フィートで左旋回し、1,000フィートまで上昇、ダウンウインドに入って右席を見る。誰もいない。操縦席からまぶしい英国のやわらかい丘とどこまでも澄んだ空が広がった。頬を一筋熱いものが流れた。

２）雲中飛行の恐ろしさを実体験。
まだ計器飛行訓練に入る前のことだ。有視界飛行で20時間くらいであったと思う。イギリスの真っ青な空に浮かぶ真っ白なふっくらとした積雲は実に美しい。その余りの美しさに惹かれて雲の中に入ってみた。しばらく水平飛行ができていると思った刹那に2,500回転であったエンジン回転数が急激に上がりメーターを振り切っている。そして更に、人工水平儀がひっくり返っている。見たこともない計器類の指示だ。しかし、自分の三半規管が水平飛行を継続していると訴えてくる。やがて悪夢が襲ってきた。もの凄いうなり音が響いたと思った直後にズボッと積雲を抜け、そして眼下に一面緑の大地が迫ってきた。その時の高度計は見ることができなかったが、多分300フィートを切っていたと思う。背面急降下していたようだ。羊数頭が足早に逃げて行くのが見えた。農家の煙突から白い煙が立ちのぼっていた。無意識のうちにエンジン回転数を絞り操縦桿を引いて水平姿勢を保ち、訓練基地の滑走路に無事に着陸するまでの記憶がない。

３）視界ゼロの飛行訓練。
50時間も飛んだ頃だったと思う。待ってましたとばかり計器飛行訓練が始まった。「ADFアプローチ」とか「極超短波VHFを使ったVDFレットダウン」とか言ったと思う。現在ではより正確なGPSが主体となり、既にこの飛行方式は使われていないと聞く。訓練生の操縦席からの視界は教官によりブラインドで閉ざされ、全く外が見えなくなる。ただただ計器類だけを凝視しながら管制塔から無線で告げられる飛行場からの方位を得て、同時に高度を下げつつ着陸態勢に入る。三次元空間の中を計器類だけを信じて大地に接近して行くという実に恐怖の体験であった。

４）日没直前の離陸
ナイトフライト（夜間飛行訓練）が始まり忘れられない感動的なことがあった。夕日が地平線を赤く染め始めかけた頃、西の方角に向かうランウェイ25から離陸した。既に辺りは闇に包まれ始め、滑走路灯だけが一直線に青く光る。離陸した時には飛行場は暗夜の中。上昇するに従い西の地平線から太陽がまぶしくその姿を見せ始めた。地球の自転より少しだけ早い上昇率だったのである。眼下に広がっていた下界は既に真っ暗である。幼少の頃、二次元平面ではない三次元空間を夢見ていたことが叶った一瞬である。このことは決して忘れることはない。
</td>
</tr>
</table>

思い出深いフライトや出来事（続き）：

落伍後の思い出深い出来事

本物のパイロットになれず、しかし、夢多き紅の豚ポルコはODA政府開発援助に活路を見出し、開発途上国での案件発掘の目的で多くの国を訪れた。その時の思い出深い事を3つ4つ記してみる。

１）サウジアラビアの首都リヤドの商務省に駐在した時のこと、建設中の航空博物館に行ってみた。そこで館長のアブドラ・カリーム中佐という人物と会うことができた。聞けば彼は湾岸戦争でノースロップF-5「フリーダム・ファイター」の戦闘機パイロットとして戦闘に参加したということで飛行機の話になり、直ぐに打ち解けることができた。そして、展示してある２０機ほどの飛行機と館内隅から隅まで彼自身が博物館を案内してくれた。サウジアラビアの初代国王であったアブドルアジズ所有のダグラスDC-3が館の中央に鎮座していた。操縦席に着座して操縦桿を握って計器類を確認するとまだ飛べる機体であった。民間人の我々もサウジで飛べる環境も整備して欲しいと提案したが実現したとの情報はまだない。当時は凧を飛ばすことすらも禁じられていたくらいだからあり得ない事だとは思っていたのだが・・・。

２）フィリピンの貿易産業省に駐在したことがあった。フィリピンといえば日本が大敗を喫したレイテ沖海戦である。戦況厳しき折、神風特別攻撃隊が編成されたのも首都マニラから北100キロメートルにあるクラーク空軍基地に隣接したマバラカット日本海軍航空隊の飛行場であった。特攻隊員達がレイテ湾に向け飛び立った飛行場跡を上空から見たいとクラーク基地で単発機をチャーターして、当時の飛行場の滑走路跡上空を何度も何度も旋回して自ら死地に赴いた彼らの気持ちを想像し、「誤ちは繰り返しません」と黙想しつつ飛んだ。

３）米国出張した時のこと。サンノゼで会議を済ませ米国の友人とサクラメントへ向けドライブした時のことだ。車中より上空を見上げるとグライダーが優雅に飛翔している。滑空場を探しながらそれらしき方向に車を走らせていると金属音を立ててグライダーが着陸態勢に入って頭上を飛び越えて行った。ピストに行くと曳航機が待機している。飛ばせてくれと一言。降りてきたばかりの機体は復座ソアラーのシュワイツァーだった。全金属製である。若いグライダーパイロットは後席に乗って待っててと一言言いながら曳航索を繋いでから前席に着座した。それまで飛行機曳航で離陸したことはなかった。1,500フィート位まで曳航してくれて離脱した。太平洋からシエラネバダ山脈に向かって吹く風が上昇風となって、シュワイツァーはどんどん高度を獲得した。何しろ金属製のソアラーに乗るのも初めて、飛行機曳航も初めてという嬉しい偶然が重なった。

４）水上飛行機との出会い
方向が定まった真っ直ぐな滑走路から離陸する陸上飛行機とは違い、海面から或いは湖面から風向き次第で離水することができる水上飛行機にも幼少期から興味があった。第二次大戦当時に世界でも類を見ない優秀な離着水性能を持つ二式大型飛行艇という4発水上機が日本にあったことを知った。現在の海自PS-1の先駆的機体だ。まさかこれには乗れないが、米国シアトルでは何か水上単発機には乗れそうだと調べてのこのこシアトルに出かけて行った。

思い出深いフライトや出来事（続き）：	空港に降り立つと「マリナーズのイチロー選手が出る試合はこちらで～す」と呼び止められる。私は水上機に乗りに・・・と人の流れを離れてユニオン湖に向かった。10機ばかりの水上機が飛び交っていた。乗せてと頼んで搭乗手続きを済ませ同乗する機長と係留。艀（はしけ）を歩きながら簡単なブリーフィングを済ませセスナ172に着座した。陸上機との違いは多くはなかった。湖面を滑り離水し、隣のワシントン湖で何度か離着水をやってみた。水面の風向きと波高を読み取ることだけが新鮮だった。それ以降シアトル通いが始まって現在に繋がっている。
空を目指す後輩へのメッセージ：	二次元平面で日々暮らす人間にとっては三次元空間に飛び出して行くということは、それだけの勇気と冒険心と夢があってこそのことだ。そこで培ったものはたとえ別の道に進んだとしても必ず自分にとって大きな糧となると信じている。 ◎無知なるが故の恐れ知らずであった自分を今、顧みている。 ◎元日本航空（株）の松尾静磨社長の言葉： 「臆病者と言われる勇気を持て」・・・と。この言葉はパイロットとしてのみならず人生の訓でもある。座右の銘っていうのかな？ ◎パイロットというと飛行機命というヤツばかりだと思われがちだがデモパイロットという人種が存在するのも事実である。デモパイロットって何？パイロットに「でも」なろうかと思ってなってしまったヤツ。たまたまパイロット試験があったから受験したらパスしてしまいそのままパイロットでもいっか、と定年まで続けて飛んでいたヤツもいる。

ちょこっとコーヒーブレイク

国内製のグライダーもありますが、グライダーの多くは海外で製造されています。自動車の車検のように、航空機の安全な運航のために、航空機の定期的な点検（耐空証明）を行う資格を持った人のことを「耐空検査員」と言います。耐空検査員からは海外で製造されている機体の保守点検には、海外メーカーとのコミュニケーションが必要不可欠と指導されます。海外メーカーとの季節柄のやり取りも楽しみの一つです。

2018年のクリスマスカード

2020年の復活祭（イースター）カード

氏名：	佐藤　一郎　（さとう　いちろう）
生まれた年：	1934年
自己紹介：	1953年、高校生で飛び始め、大学を卒業してグライダーメーカーに入社して足掛け10年。新規製造機に関わったグライダーは66機。単座機を製作する事を目的に入社したが、その唯一の単座機「H-32」が完成して目的達成後、1967年に日本航空協会へ転職した。協会は若手不足で、既にパイロットで整備士であったため、兼務でいろいろな事を経験させてもらった。そのなかの一つが耐空検査員である。その間、日曜祭日は学生航空連盟の教官をしていた。航空協会に移ってから関宿滑空場の開発と経営の責任者として長期にわたり携わった。最盛期、関宿にはグライダーは約80機、曳航機は3機在籍していた。現在、グライダーは約30機、曳航機は2機の規模である。80歳で引退したが、85歳になっても我が家にいて、航空機の爆音がすると飛行機の型式を確認するために、履物も履かずに庭に飛び出す事がある。
空を飛びたいと思ったきっかけ：	戦争の時にB-29が毎日のように自分の頭の上を飛んで、飛行機雲を引いていた。1機で4本の飛行機雲を引くので、30機編隊だと飛行機雲が120本できて、飛行機雲がつながって雲になるほどだった。それがまた綺麗だった。白魚のように透き通った飛行機がすごい爆音で南の空から東京に入ってきた。五反田の駅で見ていたのが、B-29に体当たりした三式戦闘機。東京上空で待機していたと思われる5、6機の戦闘機が整然と編隊を組んで通過してゆく30機に、ほぼ垂直に近い急降下で編隊の間をすり抜けて行くのをちょうど山手線の駅で見ていた。空襲警報で電車が一時的に止まって電車が入ってこなかった。当時の電車のホームの屋根の幅は今より狭かった。そのため、空が良く見えた。後日、そのうちの1機の飛燕（三式戦）がB-29に空中で体当たりし、馬乗りになった事が報じられた。ほんの数分の出来事だった。それが興味のきっかけだったかもしれない。不思議なことに、航空業界に入って、米軍が横田基地で保存していた唯一の三式戦闘機が航空協会の所有機となり、知覧の特攻平和会館に展示していた時に防錆整備を担当することになった事がある。その後、川崎重工に里帰りし、完全な保存整備され、岐阜の「かがみがはら航空宇宙科学博物館」に保存展示されている。2020年に航空自衛隊のブルーインパルスが編隊で白煙を引き、東京上空をB-29と逆方向に医療従事者への感謝フライトで飛んでいるのを見て、時代は変わった事をつくづく感じた。
飛び始めた年齢：	18歳
初ソロ日：	1953年（二子玉川読売飛行場にて） （プライマリー機だったのでゴム索発航で、最初からソロで地上滑走から始める単座機の時代）
ホームフィールド：	二子玉川読売飛行場（練習生時代） 加須滑空場（学生指導時代） 関宿滑空場（滑空センター開設、運営時代）
搭乗機体：	・機長として、滑空機　約110機種 新規製造機、各種輸入機　各種耐空検査機 ・機長として、飛行機　約14機種　ほとんどが曳航機
飛行経歴：	滑空機で学生のうちに1,000回以上の飛行。曳航機で曳航した回数は34年間で6,000回から6,500回を記録している。滑空機は1953年から2014年、61年間継続して飛行。ちなみに、関宿で育てた曳航パイロットには曳航回数1万回以上が2、3名活躍している。

保有資格：	最初の操縦士技能証明は1955年4月。操縦教育証明は1962年11月。航空整備士は1967年9月。耐空検査員1期生は1968年4月。その後、必要な資格を順次取得。
思い出深いフライトや出来事：	・当時、木製機や金属機が主流を占めていたが、プラスチック機（FRP機）の高性能機が欧米で活動し始めた。わが国でもヨーロッパで活躍している機体の輸入が始まった。輸入する機体の性能が良く、素晴らしいなと思ったことが何回もある。飛んでみても、何も言うことのない機体が数多く輸入された。なぜ多くの種類の機体で飛ぶ事が出来たのか。他機種の耐空検査飛行、定期検査、性能確認など53年続けて来られた事と多機種で操縦教育に携わる事が出来たから。感謝している。 ・国産の高性能単座機を設計製作する事を目標に、グライダーメーカーに入って6年掛けて作った純国産単座機が「萩原式H-32型」だった。日本で5時間飛行や50キロメートル以上の距離飛行の記録を作った実績が一番多い。機体の製作時、工場が3回引越した。板橋から最終的に本厚木まで移動した。完成後、藤沢の飛行場に運び、航空局の多種にわたる地上検査、飛行検査に合格して、学生航空連盟の基地二子玉川読売飛行場に藤沢から空輸し納品した飛行が記憶に残っている。 ・学生時代、中級機「H-22」で沼津の徳倉山周辺で1958年3月朝7時、農道から離陸し、10時間20分飛行した事。 ・日本に2機輸入されたイギリス製の「Skylark 3F」。翼幅18メートルの単座機で、これが真のグライダーだと思った。性能も抜群で飛びやすかった。玉川飛行場からウィンチで上がって、10キロメートル離れた自宅の上まで飛んで行って玉川に帰ってきた。本当に素晴らしい全木製機で今でも飛んでみたいと思っている。 ・「アレキサンダーシュライハー」という滑空機メーカーがドイツにあって、そこの設計者にワイベル（Gerhard Waibel）という人がいた。「ASW」の「W」はワイベルの「W」。グライダーの世界選手権で3度優勝したイギリスのパイロット、ジョージ・リー（George Lee）氏はワイベルが設計した「ASW 17」という機体に乗って大会に出場していた。 　当時、日本で一番グライダーを海外から購入して輸入していたのが学生航空連盟OBの打林氏で、アレキサンダーシュライハー機の輸入商社をやっていた。そのような関係である時、打林氏がジョージ・リー氏を関宿に連れて来て、それから仲良くなった。ジョージ・リー氏はイギリスでロイヤルファミリーのチャールズ皇太子に操縦を教えていた。英国空軍でファントムの少佐（squadron leader）を務めてから、キャセイパシフィックでボーイング747の操縦士になり、貨物機で成田を頻繁に訪れていた。1～2日、積み荷の関係で機体を駐機するためパイロットは休む暇があった。夜間飛んで早朝成田に着くと、一休みして電車で上野へ。彼を上野でピックアップして、関宿に連れて案内していた。私は英語が不得意だけど、奥さんはノルウェイの人で言語の壁についてよく理解してくれていた。 　ジョージ・リー氏は空気のなかにいると（飛んでいると）普通の人と違った。上昇気流をなんで感じるのか分からないけど、関宿の土手の斜面上昇気流を使って飛んでいたという話もある。普通、滑空世界選手権で3回続けてチャンピオンになる人はいない。4回目にアメリカで参加した時はマスコミに囲まれてしまった事と、欧州とあまりの気候の違いに彼の性能を出せなかったと思っている。関宿に宿泊すると、マナーが素晴らしい人だから1センチメートルの狂いもなくシーツをピシッと畳んで、自分の出したゴミは全部処理して帰る人で、そのような人にあった事がない。静かな人だから、のっぱら育ちの私と

思い出深いフライトや出来事（続き）：	なんで馬が合ったのか分からないが、それを不思議に思っている。ヨーロッパで発行された本“Hold Fast to Your Dreams : Passionate Desire Turns Dreams Into Reality”（George Lee, 2013年）に私が登場すること自体が驚きである。ミスターって書いてあるんだよ。上野で食事後別れる時、「ミスターって呼ぶのをやめてジョージと呼んでくれ、私もあなたのことを一郎と呼ぶ」という話をしたんだけど、本では「ミスター佐藤」になっている。 ・京都大学の航空部でグライダーの教官をやっていたY氏がいた。彼は卒業後、富士重工に就職し、主に無人航空機システムの開発をしていた。或る時、山でハンググライダーを楽しんでいて事故に遭い、大怪我を負ってしまい車椅子生活になってしまった。しかし、素晴らしい能力と人柄で富士重工を見事に勤め上げた。彼は事故前、グライダーの操縦教育証明までの資格を取得していた。しかし、下半身不随になりフライトは諦めていた。ある時、外国でハンディキャップの人が飛んでいるのに日本ではなぜ飛べないのかという話になった時、挑戦してみようかという話になった。航空局に話をもっていくと、「佐藤さん、あんた正気？」って言われた。その当時は身障者の実績がゼロだったから。「僕も正気で話をしてんだよ」って話して、だんだん話を取り上げてくれるようになった。その結果、関宿滑空場で航空身体検査関係の有識者による会議を開くようになった。パイロットの代表として日本航空の岩瀬機長、立川の航空自衛隊の航空医学実験隊から航空身体検査関係者、民間の航空身体検査医、航空局から試験官を含む乗員課員が参加して、関宿の責任者でプロモーターとして僕が出て、Y氏が所属しているグライダークラブの会長で元ヘリコプターの機長が参加して議論を重ねた。議論を続ける内に、話が前進していることを感じ、ハンディキャップ機を準備する必要があると思うようになった。通常、飛行機の方向舵は左右の足先で操作するが、今回のハンディキャップ機は、方向舵の操作を左手で操作できるよう（ハンドラダー機）、製造国で承認された改造キットが必要になった。そこで、関宿では機体を改造しようという話になって、「Grob G103」という複座機の前席にハンディキャップキットをドイツから輸入して、僕が修理改造検査を実施して飛んでみて確認し、彼が飛行練習できる環境を作っていった。 　その後、話し合いの結論が出るまで、結局アメリカに行って、アメリカのハンディキャップ機に乗って充分訓練した。話し合いの結果、航空局の試験官が実際に操縦士としての技量を見る事になった。そこで、ハンディキャップ改造機が生きてきた。Y氏が帰国していよいよ実地試験の本番になった時に、「僕が飛行機で曳航する」ということで曳航し、試験官の希望した高度4,000フィートで離脱後、ハンディキャップ機は軽い曲技飛行を含む全ての科目をこなし、関係者の見守るなか見事に着陸した。着陸後直ちに会議室に集まり、関係者が揃ったところで試験官より公表があり、「キリモミの回復操作を含む全ての科目について健常者より優秀」であると伺い、安堵した事を記憶している。実地飛行後、日本で初めてハンディキャップの人が航空身体検査をパスし、ゼロからイチになった。Y氏は定年退職後、大学の教授となりドイツ製のハンディキャップ高性能複座機を購入し、今でもわが国唯一の車椅子パイロットとして滑翔飛行を楽しんでいる。
空を目指す後輩へのメッセージ：	1945年8月の終戦を境に、わが国の航空活動は1952年までの7年間禁止された。しかし、GHQ（連合国軍最高司令官総司令部）は模型飛行機だけはホビーとして禁止しなかった。日本人の場合、模型は遊びで、おもちゃだと認識している。ところが、模型航空というのはアメリカでは航空界のすそ野だと思われていてすごく大事にしている。

空を目指す後輩への メッセージ（続き）：	1947年、北村小松氏という有名な科学小説家がいて、「能天クラブ」という模型航空クラブをやっていた。小学校の通学路がその家の近くを通っていた。或る時、大人ばかりのクラブを訪ねてみた。快く入れてもらって高校まで模型飛行機を続け、全日本選手権で一位を取るようになっていた。親は模型飛行機をやっていても何も言わなかった。飛行機の面白さの下地はそこでできていたと思う。高等学校に在学中の1953年、偶然、学生航空連盟に所属している同級生がいて、「佐藤、模型飛行機ではなくて自分で飛んでみないか」と、誘いを受けて飛ぶようになった。模型飛行機にせよ、学生航空連盟の加盟にせよ、今思うと素晴らしい出会いに感謝している。 模型飛行機に夢中になった頃の話、皇居の坂下門前の広場に行くと日本人と米兵が入り混じって模型飛行機（Uコン）を飛ばしていた。今では考えられないが。そこに見学に集まっていた大勢の飛行機好きのなかには、戦時中航空機の設計製作等に携わり、終戦で失職した有名な先生方や技術者が集まっていた。やがて米兵が減り、日本人が活動を肩代わりしていった。他方、終戦後しばらくは空軍基地で日米親善の模型飛行機の競技会が行われていたが、神宮の絵画館前のグラウンドで日米親善大会に参加したことが思い出される。そして当時、神田のすずらん通りに「雄飛堂」という模型屋さんが模型飛行機の部品やエンジンを売り出すようになった。下駄を履いて山手線に乗り、神田で降りて「雄飛堂」に行き、そこから皇居前まで歩き、模型飛行機を飛ばしている人たちと飛行機を見て知識を得て帰宅する。有楽町から帰りの電車に乗ったが、窓ガラスが完全でなかった時代の話である。戦争中にB29に痛めつけられて、その後7年間模型航空以外の航空活動が禁止されていたので、自分がパイロットになるなんて夢にも思っていなかった。 地元の小学6年生が卒業前に自分の進みたい道を短い文で書かれている文集を見ているが、以前は必ず「パイロットになりたい」、「航空管制官になりたい」と書いた生徒がいたが、この一二年、航空関係に進みたいと書く生徒がいなくなり寂しく思っている。どのスポーツも若い頃の触れ合いが大切だと思うが、航空も若いころの触れ合いと出会いを大切に、航空に先ず関心を持つ事が大切だと思っている。

ちょこっとコーヒーブレイク

グライダーで成層圏を目指すプロジェクト「PERLAN」は、2018年9月2日、動力なしの滑空機の飛行で高度76,100フィート（高度23.2キロメートル）を記録しました。これは、1989年4月17日、米空軍の偵察機U-2「Dragon Lady」が達した高度73,737フィートを超えるものでした。ちなみに、超高速・高高度戦略偵察機SR-71「ブラックバード」の到達高度記録は85,069フィートです。(*2)

PERLANは、飛行機曳航で離陸しています。その曳航高度は、約4万フィート（約12キロメートル）にも達します。曳航機はドイツ製Grob G-520「Egrett」で、離脱高度まで約45分です。2018年9月12日には高度約4万5千フィートまで機体を曳航し、高度4万フィートを超えた8度目の飛行機曳航が記録されました。(*3) PERLANの挑戦は1992年に始まり、2018年8月17日に48度目の飛行機曳航を実現させています。

氏名：	匿名希望
生まれた年：	1995年
自己紹介：	NPO法人学生航空連盟（SAF）所属
空を飛びたいと 思ったきっかけ：	ナムコ社のフライトゲーム『エースコンバット2』をプレイしたこと。
飛び始めた年齢：	18歳
初ソロ日：	2016年7月10日
ホームフィールド：	加須
搭乗機体：	PW-6U, B1-PW-5D, ASK21, ASK13, T-7
飛行経歴：	グライダー：約40時間、T-7：約20時間
保有資格：	航空特殊無線技士：2015年
私の空の飛び方：	週1で加須にてフライトを行っています。たまにはVR（バーチャルリアリティー）のフライトシミュレーターもやっていたりします。
飛行ブランク期間と その理由：	9ヶ月。 自衛隊を辞めてからしばらくブランクが空きました。
思い出深いフライト や出来事：	T-7での2回目のフライトの時、外から見える景色がまるで映画でみたような、雲と雲の間を飛んでいくフライトを行った時です。「下手糞が！」と教官に怒鳴られながらも、その景色が忘れられないほど素晴らしいものでした。罵詈雑言はうんざりでした。
空を目指す後輩への メッセージ：	プロとして飛ぶとするのであれば、何はともあれ「やらなければ、はじまらない・・・」という事です。プロパイロットの道は、ミリタリーであれば自衛隊幹部候補生、航空学生、内部での選抜となりますが、陸自へリパイロット課程もあります。民間・警察のほうでも各社自社養成、航空大学校、有資格者採用等あります。飛ぶのだけに拘るのであれば、窓口はたくさん開かれています。全部受けましょう。民・軍のこだわりがあるのであれば、拘りのある方をすべて受けましょう。きっとどれかは引っかかるハズです。プロ・アマ、両方経験した事だから言えるのですが、両方ともフライトは面白いです。プロとアマの違いは、責任の量です。プロとなると、たくさんの旅客を乗せたり、国を滅ぼすだけの武器を搭載した爆撃機等と対峙したりすることになります。訓練生の頃からしっかりその責任を認識させられながら飛ぶ事になります。だけど、プロとしてのやりがいはそこにあると思います。挑戦する価値のある仕事だと思います。

ちょこっとコーヒーブレイク

巨大回転雲「モーニング・グローリー」という珍しい気象現象があります。衛星画像などからアラビア海やヨーロッパ大陸の沿岸部などで回転雲が発生することが知られています。また、特に9月下旬から11月上旬の雨季に出現頻度が高い場所として、オーストラリア北部にあるカーペンタリア湾のバークタウン（Burketown）が有名です。回転雲で生じる風の波にのるグライダーパイロットもいます。NHKの番組BSプレミアムカフェ『天空の冒険者たち』などの特集番組があります。ぜひ壮大な回転雲の映像をご覧ください。

氏名：	須賀　武郎　（すが　たけろう）
生まれた年：	-
自己紹介：	読売学生航空連盟OB（読売二子玉川飛行場より読売大利根滑空場[現在読売加須滑空場] 移転時の初代委員長）
空を飛びたいと思ったきっかけ：	父が戦前の朝日新聞学生航空連盟で飛んでおり、大学選手権の三角点航法部門で優勝したとも聞いているので、幼少より空の話は聞いていた。高校2年生の9月、最初で最後の北海道札幌丘珠空港で、朝日学連の大学選手権が行われ、父が招待されていたのでついて行き、オープニングセレモニーで故武久法大航空部監督がスカイラークでアクロバットの展示飛行をされ、白鳥が舞うような優雅な飛行に魅了されたのがきっかけである。
飛び始めた年齢：	19歳
初ソロ日：	1968年12月24日
ホームフィールド：	読売二子玉川飛行場（現在読売加須滑空場）
搭乗機体：	H-22B, H-23C, 三田改3, ASK13等 複座滑空機11機種 H-23A,126, ASW20等 単座滑空機12機種、 動力滑空機7機種、陸上単発機5機種 モーション付きフライトシミュレーター6機種
飛行経歴：	読売二子玉川（現在読売加須滑空場）で飛び始め、アメリカ・ミシガン州在住時に陸上単発機の資格を取得。帰国後、日本の資格書き換えと同時に動力滑空機免許を申請する。東京より北海道にUターンする前、オーストラリア・ワイケリーにて飛ぶ。北海道では何回か北大航空部の合宿に参加。美瑛ではモーターファルケで飛行する。滝川でも飛んでいる。
保有資格：	・自家用操縦士陸上単発（アメリカ・ミシガン州で取得後、1974年に日本の資格に切り替えた） ・滑空機上級（1970年） ・滑空機動力免許（1975年）
私の空の飛び方：	昨年より本格的に飛行再開する。それまでは年に数回、ピュアグライダーかモーターグライダーで飛んでいた。フライト以外の活動は、スキー、釣り、特に猛禽類を撮影するバードウォッチング、ラジコン（RC）モーターグライダー、パソコンでのフライトシミュレーター。
飛行ブランク期間とその理由：	娘が3人生まれ、大学卒業まで飛行禁止なるも、航空身体検査だけは毎年受けた。検査を受けるのを止めると、そのまま飛ばない鶏になると友人に言われ続けた。娘卒業後も仕事が忙しく飛べず、昨年本格的に飛び始める。
思い出深いフライトや出来事：	・読売学連で会員リクルートの体験搭乗会があり、初めてのグライダー「H22B」で22分のソアリングを読売二子玉川飛行場で体験する。下のピストより体験搭乗者の体調を気遣う無線が入るが、初めてのソアリングに気分爽快であった。その時の後席教官が、航空自衛隊幹部候補生よりF4ファントムの飛行隊長までいった、あだ名が「天馬」と呼ばれていた歴代読売学連の中で最優秀パイロットの一人だった。後になり、セカンダリーの「H22B」、複座でソアリングするのは大変困難なことが判る。

思い出深いフライトや出来事（続き）：	・大学4年生の時、福井空港での文部科学省の指導者講習会に参加する。その時、飛行機曳航で上がり、「三田改3」で後席の中日新聞の寺本教官より錐もみに入れるように指示があり、入れるとバック転に入ったかのように頭の後ろから落ちるようなダイナミックな錐もみに入り、驚いた経験をした。後に、アメリカ・カルフォルニア州カリステゴで、「シュワイツァー2-33」で錐もみを数回入れようとするが、スパイラルになり、最後にスピードをつけたハードストールに入れて、やっと錐もみになった経験をした。ちょうどその時期、「2-32」でバレルロールを教えてもらっていた。機体がちょうど180度回転し、逆さまになり、マイナスGがかかった瞬間、前席の私の体重不足で座席とクッションの間に入れていたバラストが半分出てきて、慌てて両手で押さえ、頭に落ちてきて当たるか、そのままキャノピーを突き破り落下させてしまうのを防いだ。幸い、後席教官に教えてもらっていたので、すぐに後席に操縦してもらい、無事帰還した。 ・カリステゴでは、他では受けられない飛行機曳航の技術も学んだ。それは、スラックライン（Slack Line）、たるんだ曳航索を元に戻す訓練で、こちらのグライダーを曳航機の上、15～20フィート上空に持ち上げ、右斜め下、曳航機がギリギリ見えるようにし、それから右に大きくたるんでいる曳航索を張り合わせする訓練だった。最初は、右旋回をしながら曳航機の後を追っかけたが、機首を下げて高度を下げたため、スピードがつきすぎ、失敗。2回目は、ほんの少しダイブブレーキを開けたが、沈下がきつく、失敗。３回目は、右ラダーを踏み込み、滑らしながら高度をゆっくり下げ、曳航機の後につける方法を教わった。曳航機が右下に見え、曳航索が大きくたわんでいるのは、あまり気持ちが良いものではなかった。しかし、この訓練をここ以外で受けたことはない。 ・70年代、アメリカ在住時、アメリカ空軍パイロットだったシカゴの友人宅の近くの飛行場を二人で見に行き、フェンス越しに駐機している自家用機を見ていると、キャデラックが目の前の「セスナ210」のそばに駐車し、家族らしき5人が降り、「セスナ210」に乗り込み、エンジンをかけるやいなや、そのまま誘導路に出て行き、そのまま離陸した。日本では、プリフライトチェックを充分にしてから飛ぶのに、ビックリして空いた口が塞がらなかった。まるで、外に駐車した車にエンジンをかけ、どこかにドライブに行くのと同じ様子だった。国土が狭く、山が多く、緊急着陸できる飛行場も少ない日本での自家用飛行機の飛行は、事故を起こす度に規制が厳しくなるので、くれぐれも安全飛行をお願いしたい。ある航空会社の社是は「遅れても良い、着かないよりは！」。
空を目指す後輩へのメッセージ：	プロのパイロットは、いかなる時でも要請があれば飛ばなければならないが、アマチュアパイロットは、自分の判断で飛ぶことを止めることができる。故に、心の底から、飛ぶこと、空を楽しめるのはアマチュアパイロットだと思う。飛ぶということは、プロ・アマ問わず、安全な飛行をしなければならない。飛ぶということは、登山と同様、生命の危険と隣り合わせである。それ故、毎回、安全に帰還しなければならない。

氏名：	醍醐　将之　（だいご　まさゆき）
生まれた年：	1968年
自己紹介：	“空”と“水中”のPro-Amphibian（プロの両生類）。 アメリカ航空宇宙学会（AIAA）会員。野村総合研究所出身。 日本航空宇宙学会会員。慶應義塾大学大学院後期博士課程単位取得。
空を飛びたいと思ったきっかけ：	幼少期より「空が好き」だった。
飛び始めた年齢：	1984年
初ソロ日：	-
ホームフィールド：	スタート：栗橋（現：加須）、アデレード国際空港、メルボルン
搭乗機体：	約10機種
飛行経歴：	16歳からフライト。読売学生航空連盟。読売新聞社燃料部担当。 全日本高等学校滑空選手権大会3年連続出場。 外資エアライン養成所/オーストラリア空軍RAAF訓練所出身。 基本操縦試験 GFPT（General Flying Progress Test）パス。 CASA自家用固定翼機・事業用固定翼機取得。 (ウィングマーク：航空徽章取得) バンジージャンプ：ケアンズ、スカイダイビング：ハワイ フリーフォールトータル時間：35分 (内HALO [High Altitude Low Opening]：2回アメリカ本土)
保有資格：	・オーストラリア民間航空安全庁CASA（事業用固定翼機）(陸上/水上) ・総務省：航空無線通信士 ・ダイビング指導団体SNSI (Scuba and Nitrox Safety International) OWD（Open Water Diver）インストラクター ・日本国潜水士 ・アメリカ心臓協会BLS（Basic Life Support）インストラクター ・DAN（Divers Alert Network Japan）純酸素プロバイダー
私の空の飛び方：	現在、航空宇宙（日本独自方式宇宙往還機マスタープラン）のフライトシステム及び、ヒューマンファクター、リスク管理（東日本大震災3.11後サルベージ[海難救助]参加経験有り）、無重力化での活動や圧力が身体に及ぼす研究を行っています。「飛ぶ」という行為と、地球で「擬似微小重力」が行える、「ダイビング活動：潜水士・ダイビングインストラクター」として研究に従事。
飛行ブランク期間とその理由：	現状、フライトよりダイビング優先のため、身体に対する「環境圧力」影響（高圧化から低圧下の変動）により、暫くフライトから遠ざかっています。
思い出深いフライトや出来事：	・ガールフレンドが同じくパイロットで、フライトプランを作成し、色々なところへ行った。休日フライト（空中ドライブ？）を色々楽しんだこと。 ・入隊式にエデインバラ空軍基地に招待してもらったこと。 ・第二次世界大戦ヨーロッパ練習機「タイガーモス」を操縦したこと。
空を目指す後輩へのメッセージ：	フライトの90%は「事前準備：フライトプラン、機材、天候チェック、ブリーフィングなど」で成否が決まります。5%は適切な判断力です。最後の5%は「機械的不具合或いは想像超えた自然現象」。 　フライト時、全ての感情は「フライトに徹すること」！！例え、直前まで恋人と痴話喧嘩しても「心の切り替えができない」、「気になって心の隅に少しでも残っていたら」フライトしてはダメです。痴話喧嘩したければフライト終了時、地上にもどってから又ケンカすれば良い。 　夢は「想うものでなく」実現するまで追い続けて、初めて「夢が叶う」。「なにより諦めない精神」が大切です。

空を目指す後輩へのメッセージ（続き）：	どんなベテランパイロットにとっても全く「同一フライト」はありません。気象、機材、クルー、乗客含めて。故に操縦資格取得後も、「引退するまで常に勉強」が必要です。こうした点は「水中活動」でも同様です。（※宇宙飛行士達は、訓練で巨大なプール“無重力の擬似体験環境下”で訓練行っています）本来「空」も「水中」も人間 本来の活動拠点ではありません。大切な事は「あらゆる事態を想定」、そして「イメージ」することです。 さらに重要なことは「心身共に健康」、「頭で“フライト”をイメージ」、そして「チームワーク」、最後に…「フライト欠航決断も勇気の一つ」。 そして何より「空人」にだけ許されている「空からみられる“絶景”や“浮遊感”」を思う存分楽しんで下さい。そして、有資格者だけに許されている「体験」、「感動」、時には「危険」…かも知れません。そのような事を「地上」にいる方々に「伝えて欲しい」のです。何故なら、「空」には「人種」、「国境」などありません。鳥が「自由」なように「空人」も自由なのです。そして本来、全ての人達も「自由」なはずなのです。

ちょこっとコーヒーブレイク

「気圧が航空機に与える影響」

1951年、ジェット旅客機として最初に商業化されたのはBOAC（現ブリティッシュ・エアーウェイズ）によって採用されたデ・ハビランド社製DH.106「コメット」です。1953年には英エリザベス皇太后も搭乗しました。旅客機としてのジェット機は、ボーイング社やダグラス・エアクラフト社より早くデビューしました。しかし、1954年に謎の墜落事故が発生しました。この時点ではフライトレコーダーやコクピットボイスレコーダーは搭載されていませんでした。墜落事故調査中の数ヶ月後、同様の事故が発生します。事故調査委員会は「コメット」の耐空証明を抹消し、原因究明にあたりました。

機体に過度な圧力が加わり、なんらかの損傷を受けたのではとの仮説に基づき、実機を巨大な水槽に入れ加減圧実験を行いました。そうすると、客席窓から亀裂が入り込むことが証明されました。ジェット機ならではの高高度飛行により、短期間で金属疲労が起こっていたことが原因でした。これをきっかけとし、設計にはフェイルセイフ（二重安全）機能が採用されました。

東日本大震災後のサルベージ中。船、トラック、家具、ブルドーザーなどあらゆるものを回収（手前：醍醐）

氏名：	高橋　章郎　（たかはし　あきお）
生まれた年：	1950年
自己紹介：	1967年、高校2年生の時に二子玉川の読売新聞社の飛行場で、「H-22」離脱高度600フィート、飛行時間2分30秒の記念すべき初飛行後席は故長島直之機長でした。1969年、玉川飛行場閉鎖後、埼玉県大利根村、現在の市、利根川河川敷に活動拠点を移動。1973年、北海道富良野の白金模範牧場での北海道初のグライダーフライトに参加。
空を飛びたいと思ったきっかけ：	姉が立教大学の航空部に入部して、その話を聞いて絶対自分も空を飛びたいと思いました。
飛び始めた年齢：	17歳
初ソロ日：	1969年夏　たぶん
ホームフィールド：	加須滑空場
搭乗機体：	・滑空機：H-22, H-23A, H-23C, H-32, キュムラス, SchweizerSGS 1-26, 同1-32, ASK13, Blanik, Ka6E, Ka8, MITA3, Discus, Duo Discus, Astir, Twin Astir, LS8, B1-PW-5D, PW-6U, LS4, ASW28, ASW20, その他 ・陸上単発機：Cessna 172P, 同150, エアロスバル, パイパースーパーカブ ・モーターグライダー：RF5, HK36 スーパーディモナ ・ヘリコプター：ヒューズ500, ジェットレンジャー
飛行経歴：	・1967年二子玉川読売新聞社飛行場にて「H-22」による飛行訓練開始 ・1967年埼玉県大利根に移動 ・滑空機 離発着回数：2,000回 飛行時間：700時間 二子玉川読売新聞社飛行場、静岡県朝霧飛行場　特設滑走路 関宿滑空場、大利根飛行場、加須滑空場 群馬県太田市富士重工飛行場 北海道富良野白金模範牧場　特設滑走路、米軍厚木飛行場 自衛隊仙台霞目飛行場、霧ヶ峰飛行場（プライマリーの飛行） ハワイのデリンガム飛行場 アメリカのコロラドスプリングス・ブラックフォレスト飛行場 オーストラリアのナロマイン飛行場
保有資格：	・自家用操縦士　上級滑空機 1969年　加須滑空場@NPO法人学生航空連盟
私の空の飛び方：	ここ数年は日曜日に加須でのフライト。数年前にオーストラリアのナロマインで3シーズン。グライダー以外の最近の楽しみは月に2～3回のゴルフ。グライダーに復帰したのでゴルフも20年以上のブランクがありました。風を読んだり、グリーンにちゃんと着地させたり、共通点もありますね。以前はバードウォッチング。1,000ミリの望遠レンズを抱えて北海道に鶴を見に行ったり、明治神宮にオシドリを見に行ったり、手に乗るヤマガラを見たり、加須でもたくさんの野鳥を見ることができますよ。カワセミも飛んでいました。鷺やキジもよく見ますね。トンビとは一緒にソアリングしています。春はヒバリ、夏になるとオオヨシキリの鳴き声がうるさいぐらいです。冬には川面に渡り鳥のカモ類が見られます。
飛行ブランク期間とその理由：	大学卒業後の仕事が日曜日に休めない業種だったので、20年以上ブランクがありました。ただ、自転車と同じでブランクがあってもすぐ乗れる、飛べるようになりました。

思い出深いフライトや出来事：	・朝霧で富士山を間近にしたフライト ・オーストラリアのナロマインでの5,000メートルまで上昇 ・同じくクラウドストリートを使って3機でツーリング？ ・同じくある日のオンラインコンテストで世界2位になったフライト ・太田富士重工飛行場での「ASK13」の初飛行 ・北海道富良野でのフライト、日本で初めての北海道でのグライダー ・加須で飛行中に風が180度変わり、機体が木の葉のごとく乱気流の中でのたうちまくったフライト
空を目指す後輩へのメッセージ：	一生楽しめる生涯スポーツ。とってもエコなスポーツですよ。足を踏み入れたら続けるべき。

氏名：	趙　禹　（チョウ　ウ）
生まれた年：	1993年
自己紹介：	高校卒業後、大学進学のため来日。京都で日本語学校に通っているある日、K大学航空部が出演した番組を偶然に見て、全身に衝撃が走った。その後無事K大学に合格し、四年間苦労して無事卒業したが、残念ながらK大航空部は半年しか在籍しませんでした。
空を飛びたいと思ったきっかけ：	子供の頃、GTA（Grand Theft Auto）とういう自由度の高いゲームで飛行機を操縦したら世界を見る視点が変わることに驚き、飛行機にハマりました。
飛び始めた年齢：	20歳
初ソロ日：	2018年8月8日（北京オリンピック10周年記念日）
ホームフィールド：	埼玉県・読売加須滑空場
搭乗機体：	ASK21, ASK21初号機（初ソロ）, PW-6U, PW5, セスナ（曳航機）
飛行経歴：	・滑空機 離発着回数：190回 飛行時間：32時間
保有資格：	・航空特殊無線技士 ・練習許可書
私の空の飛び方：	日曜日学連の活動に参加し、グライダーで飛びます。 夏はたまに北海道の滝川に行って5日連続で飛びます。
飛行ブランク期間とその理由：	学業専念と病気です。2013年、K大学航空部入部し、グライダーを飛び始めましたが、学業に専念するため挫折…（五回ほど飛びました）2014年、NPO法人学生航空連盟に入会し、2017年まで90回飛んでグライダー操縦の基礎を学びました。病気でしばらくブランクがありましたが、2018年にソロフライトを目指して滝川スカイパークの集中訓練に参加しました。学連での経験を経て、3日11回でソロに成功しました。その後、無事学連に復帰しましたが、また教官に撃沈され、人生2回目のソロフライトまで25回かかりました…（ありがたい話ですが。教官の方々に大変お世話になっております。）
思い出深いフライトや出来事：	初ソロですよ。思い出深いフライトって言うと、パイロットはみんな初ソロと言うよ。以上、勝手に思っています。自分は初ソロが終わった瞬間に泣きました。（いろいろ困難を乗り越えたので）
空を目指す後輩へのメッセージ：	自分はグライダーをなめていましたが（戦闘機など高性能のものが好きなので）、無動力機で上昇気流に乗って、自由に飛べることを知ってから考えが変わりました。グライダーの鳥に近い飛び方が、他の航空機と全く違います。最高に自由を感じます。残念ながらやってみない限り、言葉では伝わりません…他の国で飛ぶことは絶対に楽しいと思います。これからの目標です。

氏名：	田口　忠雄　（たぐち　ただお）
生まれた年：	1958年
自己紹介：	自衛隊第5術科学校（航空管制の学校）、航空学生を経て家業を継ぐ。40歳半ばにして会社の事、子育ても一段落、飛ぶことを始める。この間もラジコングライダーを趣味として、競技に参加していた。NPO法人学生航空連盟。
空を飛びたいと思ったきっかけ：	小学生低学年の時、校庭で紙飛行機を飛ばしていると3階建て校舎を超えて飛び去り、初めてのサーマル体験となり、グライダーという名前を知るきっかけとなった。
飛び始めた年齢：	18歳
初ソロ日：	2004年8月8日
ホームフィールド：	埼玉県読売加須滑空場
搭乗機体：	T34, C172, ASK13, 6E, 8b, 21, ASW28, L23, 33, PW6, 5, Discus b, ツインⅡ, HK36TTC
飛行経歴：	450時間（約1,800フライト）
保有資格：	・滑空機　上級　2005年12月02日　NPO法人学生航空連盟 教証　2012年11月21日　NPO法人学生航空連盟 +飛行機曳航練習、関宿工学院大学 動力　2015年11月02日　SAFMGクラブ
私の空の飛び方：	自分の資格、教証を取るまではひたすら毎週欠かさず練習に参加。教証を取ってからは、少しは自分のフライトを楽しもうと思った時期もあったが、毎週練習に来て少しずつ上達して行く練習生の変化を見ていると、これが大きな楽しみとなって毎週滑空場に足を運んでいる。ラジコングライダーも続けて仲間との交流を絶やさないようにしている。
飛行ブランク期間とその理由：	20歳の時、父親が他界し、家業のため自分は飛ぶことから離れましたが、仕事や家庭が一段落すれば何時でも飛ぶことは出来ます。家庭や仕事は危険を理由にあまり歓迎してくれない様で、再開の第一歩は努力が必要かもしれません。（心配してくれるのは、愛されているからですよ）
思い出深いフライトや出来事：	・初ソロ！ やはり初めて自分だけで飛ぶという事は大きな出来事でした。この瞬間から飛ぶことをやめるなど考えられなくなりました。 ・グライダーでは多くの人とのめぐり逢いが有りました（現在進行形です）。若い人から90歳を超えた人まで、年齢ではなく私の行動の仕方、思考まで、多くの影響を頂きました。
空を目指す後輩へのメッセージ：	それぞれの思いで空を目指すのだと思いますが、この世界、努力している人には必ず、救いや助けがもたらされます。（誰から見ても努力していると思ってもらえるようになると、救いの神が現れます。）諦めずに空の世界をつかみ取って下さい！ 　教えてもらう環境はレベルの高い中で！ラジコングライダーの自己流での数々の失敗と競技活動に参加出来るまでの実力を付けてくれた先生の厳しい指導とそれに従う事によって上達が実感できたことで自己改革が出来ました。自己流では上達が遅いです。教えてもらう先生はレベルが高いほど良く、当然要求してくるレベルも高く厳しくなります。最初は予選が突破できない、機材不足の指摘、必要なレベルの物を揃え練習、技術的には上達しましたが、また予選落ち。なんとしても予選通過をと思い、練習ではしたことの無いことをして失敗。「本番でそれまでに練習したことの無いことはするな」との教えで、次の年から予選が突破できるようになりました。これは実機でも同じ、「常に備えよ」です。エマージェンシー（シミュレーション）体験とトレーニングが命を救います。

氏名：	DAVE 陳 沛 然 （デイブ チャン プイ イン）
生まれた年：	1989年
自己紹介：	大自然、アウトドアスポーツ、探検、旅行、外国文化と外国語勉強が好きな香港人。小学6年生からエアラインパイロットになりたい夢があり、「Air Cadets香港航空青年団」に入り、航空の世界の扉を開き、ヘリコプターも体験で数回乗った。イギリスと香港で中高卒業後、将来に有用な外国語を学びたいため、日本を選びICU国際基督教大学に4年留学。その間、韓国語も習い、ソウル西江大学にも交換留学した。（いわゆる「留学中の留学」） 　パイロットは大学卒業後にしかなれないと思ったら、ICU掲示板でグライダーパイロット募集ポスターを見かけて驚いた。学生航空連盟で初めて体験搭乗の後、何も考えず、すぐ入会を決意し、毎週日曜日、ウィンチ曳航による滑空機訓練を受けた。大学専攻が日本研究なので、卒業論文も日本のグライダーコミュニティーと所属クラブNPO法人学生航空連盟の歴史沿革などについて記録した。 　夏季卒業式をサボって、別の形の卒業旅行を企画しました（笑）北海道滝川スカイパークで2週間「グライダーサマーコース」でファーストソロに出られたことは、自身が自分に送った最大の卒業プレゼント！ 　香港に戻った後、日系企業で勤めながら退勤後の夜は航空理論を勉強。自分の貯金でオーストラリアに行き、単発機レッスンを受け始めた。鳥人間のように空を飛ぶことが人類の一生の夢と情熱なので、いつ・どこに行っても頭を空に向けている。
空を飛びたいと思ったきっかけ：	小学6年生からエアラインパイロットになる夢があり、現在も奮闘中。
飛び始めた年齢：	20歳
初ソロ日：	グライダー2012年7月24日。単発機2015年5月9日。
ホームフィールド：	埼玉県読売加須滑空場、北海道滝川スカイパーク、 Brisbane Archerfield Airport
搭乗機体：	・グライダー： ASK13, Super Blanik L-23, PW-6U, ASK21, MDM-1-FOX曲技 ・モータグライダー：HK36 Super Dimona ・陸上単発機： Cessna 152, Cessna 172, Piper Warrior PA28
飛行経歴：	・滑空機：離発着回数：118回、飛行時間：33時間 ・陸上単発機：飛行時間：50時間
保有資格：	・グライダー：日本滑空記章A章（単独飛行） 北海道滝川スカイパーク ・陸上単発機：2019年 CASA Recreational Pilot Licence （RPL） Flight Standards <Southern Skies Aviation>, Brisbane, Australia
私の空の飛び方：	NPO法人学生航空連盟の激安学生会費で毎週日曜日、埼玉栗橋でウィンチ曳航による滑空機訓練を受けた。時々、飛行機曳航とMotor Glider操縦も楽しく体験した。2012年6～7月、北海道滝川スカイパークで2週間「グライダーサマーコース」に参加し、集中訓練でファーストソロを目指した。 　卒業後香港に戻り、日系企業に勤めながら航空理論授業を受け、仕事の貯金でBrisbaneにて初めての単発機レッスンを受けた。2015年に9日間の連続訓練でファーストソロに出た。 　3年後の年末年始、3週間夜遅くまで勉強し、筆記と飛行技量試験に合格し、オーストラリア専用のRPL（Recreational Pilot License）の資格を取得した。

飛行ブランク期間とその理由：	香港の面積は狭く、土地が少ないので、グライダースポーツができる場所がない。小型単発機も週末のみ飛行可能。料金は外国と比べ割高。
思い出深いフライトや出来事：	・エンジンの音に慣れたので、初めてのグライダー体験搭乗が風のヒューヒュー音しかなく、静かすぎてすごく違和感がありました。しかし、グライダーには動力が無いので、「飛んだ飛んだ」という驚きの感覚は今でも覚えています。 ・滝川スカイパークの「グライダーサマーコース」は飛行機曳航なのでウィンチ曳航より滞空時間が長く、より高く飛べます。道央の山岳連峰を眺めながら、山頂とほぼ同高度でソアリングしました。初めての曲技飛行操縦体験と初ソロも滝川のグライダーで達成したので、最も素敵な滑空経験でした。 ・Brisbane ArcherfieldからGold CoastとSunshine Coastまでは後席搭乗で勉強飛行です。Cessna小型機が国際空港の滑走路で離着陸するというのが、蚊が象の背中に離着陸しているようなイメージでした。
空を目指す後輩へのメッセージ：	夢が叶うまで諦めず努力する四字熟語：「百折不撓、不撓不屈」 “Once you have tasted flight, you will forever walk the earth with your eyes turned skyward, for there you have been, and there you will always long to return.”- Leonardo da Vinci “Aviation is proof that given the will, we have the capacity to achieve the impossible.”- Eddie Rickenbacker “To most people, the sky is the limit. To those who love aviation, the sky is home.” - Jerry Crawford 私の大学卒業論文はグライダークラブNPO法人学生航空連盟に寄付しましたので、どうぞご閲覧下さい。人生を満足するため、できる限り世界各国の多種多様なスカイスポーツも挑戦していきたい。例えば、Paragliding、Hanggliding、Skydiving、Kiteboarding、Aerobatics曲技飛行操縦、戦闘機体験搭乗などなど。

ちょこっとコーヒーブレイク

グライダー「ミニモア」の生みの親はドイツ出身のウォルフ・ヒルト（Wolf Hirth）という人物です。1935年に長野県・霧ヶ峰滑空場を訪れ、日本のグライダースポーツの基礎となる技術のすべてを伝授しました。著書に“The Art of Soaring Flight”があります。

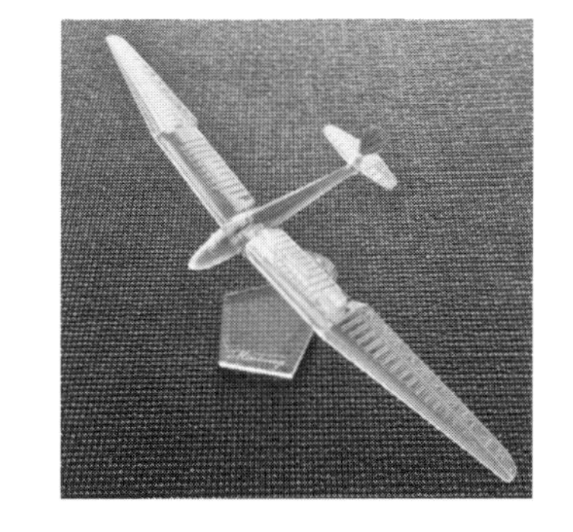
1/48スケールのミニモア模型（MM考房）

氏名：	寺本　寿　（てらもと　ひさし）
生まれた年：	1965年
自己紹介：	航空専門学校卒業後、航空自衛隊へ入隊。航空自衛隊で航空機関士を経験。その後定年退職。現在は、飛行管理業務に従事。
空を飛びたいと思ったきっかけ：	子供の時にラジコン機を飛ばしたのがきっかけ。
飛び始めた年齢：	16歳
初ソロ日：	1982年1月26日 9：58～10：18 0+20　（動力滑空機）
ホームフィールド：	名古屋空港
搭乗機体：	・滑空機：SF25C, G109, TYPHOON, PW-5, ASK13, ASK21, PILATUS B-4, L-13 BLANIK, IS-21, G-103, ・飛行機：C-152, C-172, PA28-181, PA28R-201, PA-34, PA46-310P, FA-200, ROCKWELL COMMANDER 115, TB-10, TB-21, A-36, DA42
飛行経歴：	日本航空学園にて自家用操縦士（動力滑空機）を取得。 静岡県航空協会、中部航空連盟、三重県航空協会に所属。 カリフォルニア州バンナイズ空港にて、飛行機自家用単発を取得。 その後、三重県航空協会にてグライダー曳航に従事する。 ロービジ（視界不良）、ローシーリング（低い雲底）時のフライトの怖さを経験し、名古屋飛行場にて計器飛行証明を取得。就職を視野に入れ、名古屋空港にて事業用を取得。 ホノルル国際空港、北海道美唄離発着場にて多発機による訓練を実施。旭川空港にて多発限定変更を受験し合格、現在に至る。
保有資格：	・自家用操縦士：滑空機　上級、動力　（日本航空学園） ・事業用操縦士：飛行機　陸上、多発 （名古屋空港、ホノルル、北海道美唄） ・計器飛行証明：（名古屋空港）
私の空の飛び方：	1ヶ月に2回ほどのペースでフライト。冬はよく、奥美濃へスキーに出かけます。最近は自動車道が整備され、とても行きやすくなりました。
飛行ブランク期間とその理由：	特になし。
思い出深いフライトや出来事：	・カリフォルニア州レッドランズ飛行場で行ったプライベート陸上単発のチェックライド後、訓練空港であるバンナイズに帰るときに見た夕日がとても綺麗でした。その時、機体の搭載装置ADFからはラジオ放送を通じて、ビートルズのカバー曲“IN MY LIFE”が流れていてとても感動しました。 ・アラスカでの飛行環境にはとても心を奪われました。地域特性もありますが、もはや飛行機は通勤や移動の手段として定着していました。駐機場環境、機体までの動線、搭載装置ADS-B IN（UAT）を利用した各種情報の共有、全球測位衛星システムGNSSを利用したR-NAV計器進入、機上からの滑走路灯火の操作などなど、理にかなったものばかりでとても感動しました。そこで見た空からの氷河の景色は今でも忘れられません。
空を目指す後輩へのメッセージ：	好きこそ、物の上手なれ！という言葉がありますが、空を愛し続け、航空業界の発展に貢献していただきたいと思います。 　海外のフライトでは、ATC（航空管制）に苦労させられると思います。LIVE ATCなどのWEB SITEを利用して、現地の空域のATCを聞くのもいいと思います。LIVE ATCという便利なサイトがあります。テレビ録画ではないですが、LIVE ATCの録音方法が思いつかなかったため、現地時刻に合わせて夜中起きて聞いていました。マイカーのカーオーディオは、録音したホノルルのATCがいつも流れていました。もちろん一人で運転しているときですが。

空を目指す後輩へのメッセージ（続き）：	米国では「出発地から目的地に移動して、要件を済ませてまた出発地に帰る」というような小型機、自家用機が当たり前のように利用されています。トランジットパーキングにある数多くの駐機スポット、セルフの燃料給油スペース、クレジットカードでの支払い、エプロンにホテルが隣接されており、共用スポットが告示されています。また、携帯GPSにADS-B INを通じて、他機情報、臨時制限空域、各種気象情報、航空情報などが日本でのカーナビVICSのように受信でき、携帯GPS画面上に表示されます。日本のエレクトロニクスは、他国には負けませんが、AVIONICSの分野では製品のほとんどが米国製です。 また、ひと昔前の日本の空港の小型機利用の動線は、利用者の立場で考えられていませんでした。例えば、着陸料を払うのには、県の収入印紙が必要でした。印紙を購入するのには空港事務所からターミナルをへだてた売店に買いに行かなければなりませんでした。また、「8時に離陸予定のところ売店が開店するのは9時なのでしかたないですね。本日はもう閉店していますね」と、当たり前のように言われました。利用者側の立場になって考慮されていない空港が多々ありました。しかし、諸先輩方の努力によって改善されていき、物理的な状況以外はスムーズに利用できるようになってきています。高松空港などは電子マネーでの支払も可能となりました。これからは航空行政に携わる方々は、操縦免許を取得し、機体を持つまではいかないものの、飛行クラブ等でフライトを楽しみながら業務をしてもいいのではないかと思います。 将来は、子供たちに動機付けとして航空機見学やフライトを体験していただき、底辺を増やしてこれらの航空分野の発展に努めていきたいと思います。

ちょこっとコーヒーブレイク

地上から離陸するため、グライダーを曳航する方法は、主に飛行機曳航とウィンチ曳航に分かれています。昔は人力や自動車でグライダーが曳航されていました。世界にはグライダーを珍しい方法で曳航した事例があります。1995年、ロシアではなんと「気球」を使ってグライダーが曳航されました。「Federation of Gliding Sport of Russia」のびっくり仰天する映像をぜひインターネットでご覧ください。おそロシア！

気球によるグライダー曳航

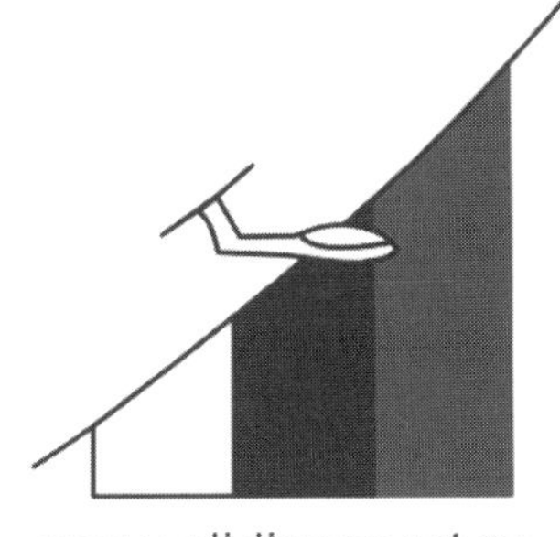

氏名：	並木　拓巳　（なみき　たくみ）
生まれた年：	1999年
自己紹介：	日本航空高等学校 航空部卒。 韮崎市航空協会 所属。 大利根飛行場にて動力滑空機のクラブに所属。 航空運送・使用事業会社 所属。
空を飛びたいと思ったきっかけ：	子供のころ親の出張の見送りの際に空港で飛行機を見ているのが好きだった。
飛び始めた年齢：	15歳
初ソロ日：	2015年12月20日（上級滑空機）
ホームフィールド：	双葉・韮崎滑空場、大利根飛行場、関東圏内ヘリポート
搭乗機体：	SF34B, L23, G102, SF25C, Taifun17E, G109, C152, C172, R22, R44, R66
飛行経歴：	【滑空機】 ・2014年　日本航空高等学校航空部に所属し、上級・動力滑空機訓練（双葉・韮崎） ・2015年　高校2年生の冬に初ソロ ・2016年　高校3年生の冬に指定養成で自家用操縦士（上滑）取得 高校卒業後は韮崎市航空協会に所属し、 上級滑空機でのフライトを楽しむ（韮崎） ・2018年　上級滑空機・飛行機ライセンスの抱き合わせで動力滑空機限定追加・知り合いの動力滑空機で 休日フライトを楽しむ（大利根） ・2019年　台風19号により韮崎滑空場の滑走路が流され使用不可 【飛行機】 ・2018年　ロングビーチ空港にて訓練・チェックライド合格・ IFR（計器飛行方式）訓練 【回転翼】 ・2018年　ロングビーチ空港にて訓練（R22.R44） キャマリロ空港チェックライド（R66） ロングビーチ空港ベースに経歴付け 帰国しつくば航空にて事業用訓練 ・2019年　事業用操縦士取得 →事業会社入社
保有資格：	・2017/01/13　JCAB自家用操縦士（滑空機）HCG　指定養成 ・2018/02/25　FAA Private Pilot（Airplane）SkyCreation ・2018/05/05　FAA Private Pilot（Helicopter）　OrbicHelicopter ・2018/05/07　FAA Remote Pilot（Small Unmanned Aircraft） ・2018/08/23　JCAB自家用操縦士 (回転翼) LST 海外ライセンス書換 ・2018/09/03　JCAB自家用操縦士 (飛行機) LS　海外ライセンス書換 ・2018/11/09　JCAB自家用操縦士 (滑空機)HCG,MGO,MGH限定追加 ・2019/11/25　JCAB事業用操縦士 (回転翼) LST.LSP　つくば航空
私の空の飛び方：	せっかくライセンスを取得させてもらったので、社会人になってからも大型連休等を利用して、韮崎滑空場に通いグライダーフライトを楽しんでいました。韮崎はアットホームな感じで高校の航空部の頃から一緒に活動していた事もあり、自分にとってはとても居心地がいい環境でした。自宅からも車で2時間半程度の場所でサーマルソアリングから山岳飛行まで楽しめました。韮崎での最後の飛行では目標だった銅賞まで取得でき、どんどんグライダーが楽しくなりました。また、グライダー経由での知り合いの機体（動力滑空機）が大利根飛行場にあり、自宅からも1時間弱の場所で、休日に都心方面や山梨・長野方面へのレジャーフライトを楽しんでいます。

飛行ブランク期間とその理由：	渡米中などのブランクもありましたが、積極的にグライダー活動にも参加していました。しかし、2019年の台風19号の被害で滑走路が流されてしまい復旧が難しく、暫くの間の活動休止が決まりました。自分の第2の故郷である場所でのフライトができないのはとても悲しく思います。仕事でのフライトは自由も効かないのが当然で、自家用でのグライダーフライトは今後も続けていきたいのですが、なかなか他の場所に行く気になれずにいます。このままペーパーライセンサーになるのももったいないので活動を再開していきたいと思います。
思い出深いフライトや出来事：	・一番印象的なフライトはグライダーでのファーストソロでした。初めて一人で空を飛んだ日。今でも鮮明に覚えています。飛行機やヘリでのソロもありましたが、本当のファーストソロは人生で1度しかないので貴重な経験でした。 ・ライセンスを取らせてくれた恩師Ｉ教官との高校生活最後のフライト。モーターグライダーで冬の富士山まで、とても綺麗で感動しました。今でも山梨の空は大好きです。卒業してからも渡米前や各試験の前には勇気づけて頂きました。パイロットとしてだけではなく、人間としても成長させて頂いたＩ教官には感謝しかありません、今の仕事ができているのもこの方がいたおかげです。 ・その他も沢山の経験をさせてもらいました。アメリカの訓練時代にはロサンゼルス国際空港（LAX）の上空をクロスしたり、山の上に着陸したり、天気が悪い日にIFR（計器飛行方式）で雲を抜け、目の前に広がる青空を見たのも良い思い出です。
空を目指す後輩へのメッセージ：	今後、皆様の目指す場所までは楽しいことだけではなく、沢山の苦労や辛いことがあると思います。ですが、その先には必ずゴールがあるということを忘れないでください。空も同じです。晴れている日もあれば雷雨の時もあります。だけど、その先には必ず青空があります。時には高度を下げても大丈夫です。決して無理はしないことです。目標を見失わずに頑張ってください。末筆になりますが、皆様の更なる飛躍と航空安全を願っております。

ちょこっとコーヒーブレイク

チーム「HAKUTO」との意見交換会

1927年、ニューヨーク～パリ間の大西洋無着陸飛行を成し遂げたチャールズ・リンドバーグの功績を題材にした、1957年に公開された映画が『翼よ！あれが巴里の灯火だ（The Spirit of St. Louis）』です。俳優のジェームズ・スチュアートは実際、陸軍のパイロットとして活躍していた過去があり、そのため演技に違和感がないと評価されています。賞金レースによって航空の世界は軍事から民間に広がりました。その歴史に学び、宇宙開発を政府主導から民間主導にしようとする試みが2007～2018年、米Xプライズ財団により実施されました。民間による最初の月面無人探査を競うコンテストGoogle Lunar XPRIZEが開催され、日本ではチーム「HAKUTO」が最終的に世界の4チームと競い合い、賞金レースに挑みました。

氏名：	船井　翔　（ふない　かける）
生まれた年：	1998年
自己紹介：	学生航空連盟に属している大学の体育会航空部で活動している宙女です。大学生、グライダーパイロット、宇宙関係の学生団体の代表としての顔を持つだけでなく、複数のアルバイトやインターンシップを兼務しています。趣味は旅行やドライブで、とにかくアクティブに活動することが好きです。
空を飛びたいと思ったきっかけ：	大学に航空部があること、自ら操縦してフライトできることを知り体験飛行をしたところ、すぐに魅了されたこと。
飛び始めた年齢：	18歳
初ソロ日：	2018年6月8日
ホームフィールド：	妻沼滑空場
搭乗機体：	ASK13, ASK21, ASK23, Duo Discus
飛行経歴：	普段は妻沼滑空場でグライダーでのフライトをしています。 霧ヶ峰滑空場、関宿滑空場にも行ったことがあります。
保有資格：	航空特殊無線技士（2018年） 日本滑空記章A章（2018年）、B、C章（2019年）
私の空の飛び方：	大学航空部で合宿という形式での活動を行っています。授業期間は4日前後の合宿が月に1回、長期休暇期間は1週間の合宿が月に2回あります。基本的にはこの合宿に参加して、フライトを行います。最近、シミュレーターでのフライトも体験してみました。
飛行ブランク期間とその理由：	大学2年の秋、短期留学に行ったためブランクがありました。また、他に行っている活動が忙しくなると合宿に参加できず、フライトができなくなることもあります。その度に、フライトの感覚を取り戻すことから始めています。
思い出深いフライトや出来事：	私にとって、これまでの全てのフライトが大事な思い出です。まだ何も分からずただ飛んでいることに興奮していたフライト、だんだん分かってきたのに思うように操縦できなかったフライト、同期の良いフライトを見た後の悔しさを感じながらのフライト、純粋に楽しむことを考えられたフライトなど、様々あります。また、地上でいろいろなことを教官に教わったり、合宿生活で先輩、同期、後輩と語り合ったりした日々はこれからも忘れないと思います。
空を目指す後輩へのメッセージ：	少しでも気になった方は、気軽に体験飛行に行ってみてください！自ら操縦してフライトするという体験は、何にも変えられない、とても貴重なものだと思っています。他のものと両立しながらでも、自分のペースでフライトする道もあるので、是非一度体験してみて欲しいです。

氏名：	前濱　泰平　（まえはま　たいへい）
生まれた年：	1993年
自己紹介：	南国、石垣島で生まれ育ち、空港が近かったせいか物心がついた時から飛行機が好きで、航空整備士になる夢も自然と決まっていました。専門学校でのグライダーへの勧誘にも考える間も無くのっていて、本当に良い出会いだったと思います。現在は某空港で働きながら、いよいよ資格取得に向け大詰め、というところです。
空を飛びたいと思ったきっかけ：	見たことのない景色を見たい。 飛行機の整備士として、飛ぶことを知りたい。
飛び始めた年齢：	18歳
初ソロ日：	2013年7月23日
ホームフィールド：	埼玉県/加須滑空場
搭乗機体：	PW-6U, Twin Astir, Duo Discus, B1-PW-5D, Discus b, ASW28, Ka6E
飛行経歴：	離発着回数：約300回、飛行時間：約100時間
保有資格：	・航空無線通信士 ・自家用操縦士技能証明（上級滑空機）
私の空の飛び方：	学生の頃は毎週日曜、前泊で滑空場に通っていました。朝イチで準備をしたくて、夜中までのバイトを終えるとバイクに跨り、真っ暗な田んぼ道を2時間。夏は虫まみれ、冬は厚着ダルマでしたが、本当に楽しかった。飛び方は、自称“お散歩”。とにかくフワフワと漂っているのが好きで、いつも見上げるばかりの雲に限りなく近づけることが嬉しくて仕方ありませんでした。社会人となって未だローカルを脱出できてはいないので、今後は遠出、特に山へ行ってみたいです。
飛行ブランク期間とその理由：	仕事がシフト制でなかなか日曜に合わさらないのと、資格取得の勉強が激しさを増してきたため一旦お休みとします。空港上空はいつもバリバリ好条件で、どこまでも続くクラウドストリートを恨めしく眺めています。
思い出深いフライトや出来事：	ファーストソロから数回、その日は風が強く、地上付近では機体が大きく煽られていました。いざ着陸、ベースレグに入った時、ふと「後席には誰もいない！自分で降りるしかないのか！」と、強烈に意識させられました。恥ずかしい話ですが、初ソロからこの時まで安定した気流の中を、後席に教官がいる心理状態の延長で飛んでいました。慣れた一連の動作をなぞるだけのフライトは誰でもできます。一人で飛ぶこと、助けを呼べない、路肩に停める事もできない怖さを訓練中に学び取れるといいですね。大胆な臆病者になりたい。
空を目指す後輩へのメッセージ：	母校などで勧誘を行うことがありますが、強くは誘いません。いつも思うことは、始める人は始めている、ということです。私もそうでしたが、クラブ費は…、勉強が…、移動がなぁ…などと思う前に、「あ、これやってみよ」と決まっていました。 考えるのはあと。どうにでもなるものです。まずは自分の気持ちに正直に、一歩！ 　職場で対峙する大型機は、高度に複雑化し、幾重にもフェールセーフがとられたまさに究極の工業製品ともいえるものですが、グライダーは大袈裟にいうとその対極。必要なものだけで構成される機体は、一人の人間がその手足で直接操り、動力に頼らず自由にどこへでも飛んで行けます。まさに空を飛ぶ原点とも言え、痛快なところです。その一方、大型機が散々苦労して達成する安全性や飛行性能などは主に操縦者に委ねられ、知識、技術、経験をもって、挑んだ結果が直ちに自分へ帰ってくるシンプルさは時に厳しく恐ろしいものでもあります。 ただ自然を相手取るスポーツに留まらず、安全のため、広く深く学び続けなければならないところもスカイスポーツの醍醐味だと思います。

空を目指す後輩へのメッセージ（続き）：	整備士を志す方がいるとすれば、グライダーで得られる知識は、機体、空力はもちろん、法規、エンジン、材料、計器、電装、航法、気象、基本作業、時に土木、等々！何より生きた機体に触れ、実際に飛ぶ経験を学校ではできません。また、クラブの運営や機体、車両の保守/整備、活動フィールドの維持といった事も、必ず整備士として、社会人としても役に立つ時が来ます。 ムダなことが何一つない教材が空にはあるはずです。

ちょこっとコーヒーブレイク

「水圧と気圧の関係」

全ての物質は、圧力（大気圧/水圧）と重力の影響を受けます。 物質は常に高いところから低い所へ移動する性質をもっています。 例えば、天気図でよく見る高気圧と低気圧。風が流れるため高気圧は晴れ、風が流れ込んで荒れるので低気圧は天候が崩れます。また、物体は地球の重力により、高所から低所に落下します。

表　環境と圧力の関係

環境	圧力
宇宙（海抜高度100キロメートル：カーマン・ライン）	0気圧
地上	1大気圧
水中（マイナス10メートル）	2気圧の水圧 （環境圧力）（=1大気圧＋“地上分”1気圧）
水中（マイナス20メートル）	3気圧の水圧 （環境圧力）（=2大気圧＋“地上分”1気圧）

体内のほとんどは「液体」、「気体」で構成されているため、もっとも気圧変化を受けやすい状態にあります。 スキューバダイビング用の空気タンクの中は約200気圧に充填補充されています。実際に呼吸する時には、その時の「環境圧力」の空気で呼吸出来るように設計されています。このことは、タンク内空気の成分（酸素、窒素、他）も加圧状態になっていることを指します。下巻の「ちょこっとコーヒーブレイク」では、「気圧が身体に与える影響」を紹介し、なぜ航空医学ではスキューバダイビング後にフライトが禁止されているのかを解説します。

スキューバダイビング用の空気タンク置き場

氏名：	松倉　忠明　（まつくら　ただあき）
生まれた年：	1945年2月
自己紹介：	1962年　学生航空連盟入会 1971年　退会 1996年　復帰 2015年　引退 2020年　毎年ハイシーズンにオーストラリアのナロマインで飛行
空を飛びたいと思ったきっかけ：	読売新聞に学生航空連盟の募集広告が掲載され、これに応募
飛び始めた年齢：	17歳（高校3年生）
初ソロ日：	覚えていません。あまり感動はありませんでした。1963年
ホームフィールド：	二子玉川読売飛行場、読売加須滑空場、ナロマイン飛行場
搭乗機体：	H-22, H-23A, H-32, ASK13, Ka6CR, PW-5, ASW28, Duo Discus, 他
飛行経歴：	・ピュアグライダーのみ 飛行時間：811時間、回数は不明 クロスカントリー距離：20,400キロメートル 国際滑空記章：金章＋2ダイヤモンド （300キロメートル、500キロメートル） 高度記録には興味ないが、1,000キロメートルは飛びたい その他経歴 滑走路以外への場外着陸：4回（日本1回、トクマオール3回） ギアアップランディング：2回 （2回とも離脱後ギアダウンのまま飛びまわり、 わざわざ着陸コール寸前にギアアップして着陸）
保有資格：	・自家用滑空機中級（1964年頃、二子玉川の読売飛行場） ・自家用滑空機上級（1998年、読売大利根滑空場）
私の空の飛び方：	グライダーはずっと私にとって大好きな自然を楽しむための大切な道具であり手段。今でもそれは変わりなく、毎年ハイシーズンにはナロマインでクロスカントリー飛行（XC）を楽しんでいます。今後も体力のゆるす限り、続けるつもりです。それはこの年齢になってもXCで毎年必ず感動が味わえるからです。 　2020年は2月に半月間ナロマインにいましたが、歴史的なブッシュファイアと、それを止めたこれもまた歴史的な連続大雨でほとんど飛べませんでした。これは普段の悪行の報いでしょうが、お蔭で火事を消せたのは感動ものです。更に行きも帰りもシドニーと羽田空港にはマスクした中国人が溢れていましたが、コロナに感染せず、無事帰宅できました。帰宅後2週間自宅待機しましたが、何も起こらず、こちらは安堵。
飛行ブランク期間とその理由：	・1971年の退会理由 ① 仕事が忙しくなりこれに集中するため。 ② 子育てのため。 ③ 自身の興味はソアリングで、学生の育成中心のクラブに居所無し。 ・1996年復帰の理由 ① 25年間、毎週1回以上夢に出てきた。 ② スキー、ゴルフ等色々やったがグライダーに勝るものは無かった。 ③ 子育てがほぼ終了し、残りの人生で打込めるものが欲しかった。 ④ 学生航空連盟がもはや学生だけではやっていけない状況にあり、学生と社会人の共同クラブを創り上げる必要があった。
思い出深いフライトや出来事：	数えられないほど沢山ありますが、強いてあげると… ・初飛行：離脱高度500フィート、2分に満たない飛行でしたが、想像を絶する景色と飛んでる感で感動しました。

思い出深いフライトや出来事（続き）：	・「Ka6CR」初飛行：やっと学生に遠慮せずソアリング出来る機体を入手し、喜びにふるえました。最もうれしかったことの１つです。 ・下からグイグイ突き上げられるサーマル旋回：あの感触はまさにソアリングパイロットだけしか味わうことが出来ないゾクゾクする様な快感です。やめられない理由の一つです。 ・積雲（Cu）から飛び出す燕との遭遇：サーマルウエーブでCuの横を飛んでいる時、Cuから次々に飛出して来る燕に遭遇。多分相当びっくりしていたと思いますが、衝突することもなく見事に身をひるがえして飛び去りました。
空を目指す後輩へのメッセージ：	巣と餌場間を飛行するカラスでさえも、下手ですが一生懸命サーマリングして高度を稼ぎます。何千キロも飛ぶアホウドリは勿論、身のまわりで見かける普通の鳥も一般に考えられているよりずっと多く上昇気流を使って飛んでいます。これはまさにわれわれの飛び方です。「鳥のように翔ぶ」というのはパワーパイロットにはできません。ソアリングパイロットだけです。上手なバッタなんて何の意味もありません。是非とも鳥をめざしてください。毎回鳥のように何10キロメートルも何100キロメートルも飛んでいる日本人は沢山います。とても難しいことですが、あなただってきっとできるようになります。頑張って、ぜひ実現して下さい。
その他、 伝えたいこと：	☆学生航空連盟引退前に、＜やれたこと＞と＜出来なかったこと＞ ＜やれたこと＞　安全で且つ質の高い飛行の実現 ①　滑走路の延長（国交省と折衝して占用地を延長800メートル→1350メートル） ②　滑走路拡幅（拡幅と排水工事実施→待機機体があっても離着陸可能に） ③　ウィンチ更新とナイロン策の導入 これ等により索切れ・着陸機の重なり等の非常時対応が容易になり、安全性は大きく向上しました。また、着陸機があっても出発準備ができるためオペレーションの効率は飛躍的に向上し、更に離脱高度が上がって飛行の質は大幅に高まりました。多摩川時代から続いた狭い短い滑走路、そして低い離脱高度から50年の時を経て、やっと脱却を果たせました。 ＜出来なかったこと＞　学生集め 近隣校へのポスター掲示、学校での機体展示、航空ショー等での機体展示、招待飛行会開催、子供会招待飛行等々実施してきました。いくつかはそこそこの効果があり今も継続されていますが、まだまだ不十分です。学生募集はクラブにとって最大の課題であり、あとは若い人達が若い感性で知恵を出し合って進めていってほしいと思います。 ☆クロスカントリー飛行（XC）で滑走路以外への場外着陸をしないコツ （「なんで上手な人は朝出て行って、みんな夕方には帰ってこれるのだろう」と思っている人はかなりいるでしょう。昔、私もそうでした。） ①　＋0.5m/sでは絶対下りないサーマリング技術と自信を身に着けること。 ②　出来るだけすり鉢をキープして飛ぶこと。 ③　すり鉢を外れてしまった時、慌ててじたばたせず、そしてあきらめず、状況が好転するのをじっとこらえて待つこと。これはXC以外の人生の多くの局面でも言えることです。 ④　自分の技術と気象条件を比較して、駄目な日は出て行かないこと。多分これが一番大事。ただし、いけると判断した時は思い切って出てゆく必要があります。

氏名：	丸山　雄一郎　（まるやま　ゆういちろう）
生まれた年：	1962年
自己紹介：	一社懸命で昭和の時代よりサラリーマン稼業を続けながら、公私ともに好きなようにやってきて、ストレスなしに精神的に病むこともなく、もうすぐ定年を迎えようとしております。
空を飛びたいと思ったきっかけ：	入学した大学の校庭に巨大な模型が置いてあるなと思い、近づいたら人間が乗れる空飛ぶ物体（＝グライダー）を知ったから。
飛び始めた年齢：	20歳
初ソロ日：	1984年3月
ホームフィールド：	埼玉県・読売加須滑空場
搭乗機体：	・滑空機：東北大式キュムラス, ASK13, L13, L23, Twin2, Twin3, ASK21, Duo Discus, PW6, SZD-50 Puchacz, Twin Astir, Astir CS, ASW19, ASW24, ASW28, ASW28-18E, Discus b, Hornet, Ka6E, Ka8, LS4, B4, PW5, SZD30 Pirat, HK36TTC, Tandem-Falke ・飛行機：C152, C172, Grumman-AA-1B, PA-28-161 ・ヘリ：R22, R44
飛行経歴：	・滑空機：361時間@日本、USA、オーストラリア各地 ・飛行機：90時間@USAのみWJF（General Wm J Fox Airfield），TOA（Zamperini Field） ・ヘリ：91時間@USAのみTOA（Zamperini Field）
保有資格：	・自家用操縦士技能証明 JCAB：HCG（上級滑空機）@東北大学航空部1985年、MGO（曳航装置なし動力滑空機），MGH（曳航装置付き動力滑空機）（書換おまけ）、操縦教育証明（滑空機）@加須 2018年、飛行機＆回転翼航空機 LSP（FAA書換取得） FAA：-Airplane Single Engine Land@West Coast Air Center Inc. Lancaster CA 1992年 -Rotorcraft@JJ Helicopter, INC. Torrance CA 2015年 ・航空特殊無線技士1987年、航空無線通信士2020年
私の空の飛び方：	グライダーはここ数年、ほぼ毎週日曜日に加須で飛行と年2回ほど滝川で飛行及び90日以内ごとに大利根でモグラでのフライトを心がけております。5年ごとにオーストラリア等にグライダーに乗りに行くことを目標にしております。他にはバイクで年数回サーキットの走行会などでバイクの性能確認を行ったり、温泉巡りをしたりしております。
飛行ブランク期間とその理由：	1997年から2012年まで、貧乏暇なしでフライトは10年以上行えなかった。50歳を越えて人生残り死亡するまでの期間が迫っていると自覚し、ちょうど2012年、アメリカに行く機会があり飛行機操縦し、ついでに隣に日本人経営のヘリもあり体験のつもりで乗ったが、資格取得まで行きがかり上なりました。やはりエンジン無しの方が面白いかなと、2013年に加須でグライダー再デビューを果たす。
思い出深いフライトや出来事：	1996年、初めて行ったオーストラリアDalby, QLDでの銀賞距離、50キロメートルのタスク設定など最近やったことが無かったのか、インストラクターが100万分の1の地図で10センチメートル測り、適当と思われる直線100キロメートルタスク設定でトータル200キロメートル以上を6時間ほどかけて飛び、夜発熱する。翌日は飛行場から20キロメートルあたり離れたところから、悶絶しながら結局10キロメートルのところにリアルアウトランディングをする。
空を目指す後輩へのメッセージ：	夢を叶えるのに最も必要なのは、目的のために必要かつ充分な自由になる金と時間である。

氏名：	三輪　仁　（みわ　ひとし）
生まれた年：	1960年
自己紹介：	福岡県北九州市育ち。半導体の会社に勤める技術者です。大学時代に航空部で滑空機自家用、教育証明を取得。1993年に１年間米国で暮らしたときに陸単取得。その後会社勤め中は、しばらく飛んでいませんでした。年を取って定年近くなり、定年後に居場所を持たなければと思って再び飛び始めました。
空を飛びたいと思ったきっかけ：	父が飛行機の本を家で読んでいて、子供の頃から飛行機好きとして育ったので。高校時代は山岳部にいました。高いところに登って自然の中で遊ぶのが好きだったんでしょうね。
飛び始めた年齢：	18歳
初ソロ日：	1980年4月26日でした！
ホームフィールド：	木曽川滑空場、福井空港、マーチンステートエアポート、加須滑空場
搭乗機体：	三田式3型改1b, ブラニクL-13, ASK13, H-23C, 1-26, Ka8, Ka6CR, Ka6E, リベレ, ピラタスB4, アステアCS77, ASW-19, アステアG-103, ASK 21, PW6U, PW5D, Discus, ASW28, セスナ152, 172
飛行経歴：	・滑空機946発、182時間　・動力機250離着陸、86時間 ・紙飛行機を2000～2010年くらいにたくさん飛ばしました。
保有資格：	滑空機上級自家用＋教育証明。大学の航空部で取りました。米国陸上単発。
私の空の飛び方：	毎週日曜、学生航空連盟で飛んでいます。フライト以外だと運動として毎日一時間半くらい通勤や散歩で歩いています。今はやってないけど、紙飛行機は「ホワイトウイングス」というシリーズを夢中になって一日中飛ばしていました。ほんと楽しいですよ！
飛行ブランク期間とその理由：	会社の仕事が忙しくなったことと、スキーやテニスもやってみたかったことで、30歳くらいで飛ばなくなりました。大学の合宿が遠いし、参加のために休みをとるのが難しかったと思います。年を取って、定年に近くなって思いました。待てよ。仕事がなくなったあとに、行く場所がなくていいのか？自分は何が好きだったんだっけ？そうか！飛ぶことだった！と思って再開しました。
思い出深いフライトや出来事：	やっぱり初ソロですね！26分滞空できました。あと、大学時代に競技会で優勝できたことかな？愛機「ASW-19」は、離着陸が難しかったけど、上空で素晴らしい性能で大好きでした。米国で、おにぎり作って、セスナに乗って、一人で遠足に行ったのは楽しかったなあ。免許を取る前のクロスカントリーの訓練飛行でした。加須滑空場で、積雲のすぐ脇を同高度でサーマルフライトをした時、サーフィンのようでした。
空を目指す後輩へのメッセージ：	とにかく空を飛ぶということは、大変な努力を要する、難しいことです。お金も時間もかかります。うまくいかないことがいっぱいあります。それだけに、うまくいったときは大きな喜びがあります。私にとって、「難しいけどやる値打ちのあること」です。空を飛ぶ経験は、他のこととは換えられません。たくさん、心に残る光景を見られて、忘れられない経験ができるでしょう！今の時代、IT技術を使って様々な勉強が可能なので、工夫してみてください。私はGPSを使ったフライトのログを取ったり、360度ビデオで全フライトを撮ったり、家で復習しています。 　とにかく飛行機について語らせたら一晩でも語りますね。そのような好きなことがあるというのは幸運なことだと思います。飛行機だったら、実物で飛ぼうが、紙飛行機を飛ばそうが、YOUTUBEの動画を見ようが、何でも楽しい！ってことですもんね！目標は、死ぬまで安全に飛び続けること。好きなことだから、最後まで無事に楽しみたいですね！

氏名：	KM
生まれた年：	1955年
自己紹介：	(むかし) 学生時代（40数年前）は大学航空部に所属し、妻沼滑空場で飛んでいました。大学卒業後は30数年サラリーマン稼業。その間、ほとんどグライダーからは離れていました。一方、飛行機の資格取得のため数年間ホンダエアポートで飛行訓練しましたが、資格取得までには至りませんでした。 (現在) 農業（目標：半自給自足）。 NPO法人学生航空連盟に所属しグライダー飛行を楽しんでいます。
空を飛びたいと思ったきっかけ：	子供の頃は空を飛ぶ物（鳥、昆虫、風船など）に興味があり、何故空中に浮いたり飛んだりできるのだろうといつも不思議がっていました。それで必然的に自分も飛んでみたいと思ったのがきっかけです。
飛び始めた年齢：	18歳
初ソロ日：	1975年5月（滑空機）
ホームフィールド：	埼玉県　読売加須滑空場
搭乗機体：	・飛行機：セスナ152, 172 ・滑空機：H-23C, 三田Ⅲ, ブラニク, ASK8, 13, 21, 23, ピラタスB4, PW-5, 6
飛行経歴：	・飛行機　：230時間 ・滑空機　：42時間
保有資格：	・飛行機（陸単、自家用）2011年 @アメリカ・オレゴン州コーバリスにて取得 ・上級滑空機（自家用）2020年 @学生航空連盟読売加須滑空場にて取得
私の空の飛び方：	ほぼ毎日曜日グライダー飛行を楽しんでいます。他には畑で野菜やイモを栽培、またバイクツーリング、ハイキングなど。
飛行ブランク期間とその理由：	サラリーマン時代、結婚し家族を持った時から概ね30年間はほとんど飛びませんでした。仕事、家族と過ごす時間を優先した為です。サラリーマンを辞めた後、時間に余裕ができ飛行再開しました。やはり自分は空が好きだったんだと改めて思いました。
思い出深いフライトや出来事：	飛行機（陸単）の資格取得のため本田エアポートで飛行訓練していた頃の話。飛行訓練も順調にこなし、ソロ飛行の時間も重ね、いよいよソロでのロングナビゲーションの運びとなりました。経路は本田エアポート -> 大島空港-> 館林大西飛行場 -> 本田エアポートの三角コースです。このコースは都心（緊急時の不時着地がない）と海（私は泳げない）の上を飛ぶことになります。幸い飛行機は何の問題もなく飛んでくれました。ハラハラドキドキの3時間のフライトは今でも私の記憶に深く残っています。
空を目指す後輩へのメッセージ：	月並みですが、大雑把でも良いので何事も目標を持って実行することが大事かと思います。私は55歳で飛行機、64歳で滑空機の技能証明を取得しました。何事もやりたいと思った時が始め時、（年齢的に）遅すぎるということはありません。“むかしは飛んでいたけどもう歳だから！”と思って諦めていませんか。後で後悔しないよう、今出来るのであれば今始めましょう。私の目標は残りの人生できるだけ長い間（体が続く限り）飛ぶことです。

氏名：	森岡　振一郎　（もりおか　しんいちろう）
生まれた年：	1956年7月29日
自己紹介：	18歳で航空自衛隊航空学生に合格するが、民間の航空会社への入社希望が強く、辞退し一般大学に進学する。大学生時代に飛びたい気持ちが膨らみ、仲間と航空部を創設する。学生時代にJCABの滑空機の自家用操縦士資格取得。米国、豪州でFAIの記録飛行にチャレンジし、300キロメートル目的地飛行を実施。留年中にJCABの滑空機の教育証明を取得。大学卒業後ANAグループに入社し、シミュレーターの技術者として10年勤務する。その後、日本エアシステム乗員訓練センターに転職し、同様にシミュレーターの開発に10年従事する。その後、A300と777のシミュレーターの教官を拝命し、日本航空と統合後も運航訓練部の教官を続け、787の教官に資格を拡大した時点で60歳の定年を迎えた。定年後ジェットスタージャパンの地上教官として3年勤務した後、スカイマークエアラインに移り、737-800のシミュレーター教官を拝命して現在に至る。飛行機については40歳の時にカナダで単発の自家用操縦士（PPL）を取得後、JCABに書き換え、同時に滑空機は動力滑空機への限定変更を実施し、現在に至っている。
空を飛びたいと 思ったきっかけ：	幼少の頃から、親の影響
飛び始めた年齢：	19歳
初ソロ日：	19歳
ホームフィールド：	長野滑空場、妻沼、板倉
搭乗機体：	・滑空機：H-23C, H-23B, H-22B, SS-1, MITA-III, SGS1-26, SGS2-32, SGS2-33, ASK13, ASK21, Ka6e, Ka6CR, ASK23B, SZD50-3, ASW20-L, ASW20-C, Ka8-B, G109 TWIN, IS-28B, IS-29, L-13, Mosquito, L-23, SZD51, PW5, NIMBUS 4DM ・飛行機：C152, 172, PA28
飛行経歴：	・滑空機：3,225回、560時間（内教官時間300時間） ・飛行機：離着陸回数145回、57時間 ・シミュレーターの技術者として係りシミュレーターに乗った機種：727, 747-100, 767, 747-200B, A320, 747-400, A300-600, 777 ・時間：総合計約1万5千時間（21年） ・シミュレーター教官として実績のある機種 A300-600, 777, 787
保有資格：	・自家用操縦士技能証明書 ・限定事項 飛行機 A LSE 第A423675号（1997.09.03） ・限定事項 滑空機 G HGC 第A407899号（1978.09.07） ・限定事項 滑空機 G MGL（1999.06.08） ・操縦教育証明書　第555（1980.09.16） ・滑空機は長野で実地試験。 飛行機はカナダモントリオール（ATL）で取得。
私の空の飛び方：	現在は飛んでいません。引退する直前は「NIMBUS 4DM」でマウンテンウェーブを教わりながらチャレンジしていました。この機体の滑空比（L/D）は60以上と、とても良いのですが、操縦はとても癖があり難しいです。世界中で何機か空中分解しているくらいオペレーションには細心の注意が必要です。事故報告書が出ていますので興味のある方は読んでみると良いと思います。驚く内容が書かれています。

思い出深いフライトや出来事：	「NIMBUS 4DM」で2万フィート〜2万9千フィートの高度でのマウンテンウェーブを利用した高高度、距離飛行にチャレンジしていた頃の飛行が、全てがエキサイティングでした。ウェーブに入るまでの6,000フィート辺りまでのローターゾーンの乱流は地獄の様であり、層流に入った後の静穏な世界と比べると、これぞまさしく天国と地獄の様であった事を思い出します。蔵王まで行って北関東まで帰ってもまだ午前中で、群馬、長野を抜けて北アルプスに向かい、直前でアルプスのウエーブの一波が捉えられなかったのを思い出します。
空を目指す後輩へのメッセージ：	チャンスを逃さないようにということです。私の場合、自衛隊パイロットを辞退した後、時々後悔したことがありました。ただ、その代わりにグライダースポーツという空の別の魅力に触れることができましたので、結果的には幸せだったのかもしれません。選択が正しかったか否かは人生を全うするときまで判らないかもしれませんが。 たくさんあって書ききれません。離陸中にキャノピーが開いちゃったり、ファイナルアプローチでラダーのコントロールロッドが折れたり、いずれもテスト飛行で単座だったかと。プロを目指すにしろ、ジョイフライトを続けるにしろ共通なのは安全第一！これに尽きます。

ちょこっとコーヒーブレイク

人類は1960年代に月面着陸を成し遂げました。現在までに果てしなき冒険に挑んでいる人類ですが、宇宙は特別な訓練を受けた宇宙飛行士など、未だ極限られた人だけに拓かれた世界です。しかし、ここ数年では、資金があればロシアから地球周回軌道や宇宙旅行もできるようになりました。より多くの人が宇宙に行けるようにとの願いのもと、海に囲まれた日本の国土を活かして海上水平離発着式のサブオービタル宇宙往還機の研究なども行われています。(*4) 水上離発着方式に着眼し、一般の人でも宇宙飛行を実現できる訓練や安全確保の要求分析を考えています。宇宙観光だけでなく、海上・海中のマリンレジャーも含めた総合的なスペースレジャービジネス構想「DIVE 2 SPACE」なども存在します。宇宙と海を往還機で行き来きする！夢が広がりますね！

提供：JDA (John Diving Adventure)、中村周平、狼嘉彰、醍醐将之

氏名：	山路　優輝　（やまじ　ゆうき）
生まれた年：	1998年
自己紹介：	某大学の航空部に所属。中学生の時にパイロットを志し、高校1年生からグライダーを始める。高校3年生で自家用操縦士を取得し、大学2年生では教育証明を取得。高校と大学で多くの大会に出場。各種大会で優勝多数。現在は大学を留年しながらも航空部最後の年の活動にいそしむ。
空を飛びたいと思ったきっかけ：	中学生の時に読んだ、内田幹樹さんの『査察機長』でパイロットを志す。
飛び始めた年齢：	15歳
初ソロ日：	2014年11月
ホームフィールド：	妻沼滑空場
搭乗機体：	ASK21, ASK23B, Discus b, Duo Discus
飛行経歴：	・滑空機　総飛行回数：約1,000回、総飛行時間：約300時間
保有資格：	・2014年：航空特殊無線技士 ・2015年：第2級陸上特殊無線技士 ・2016年：自家用操縦士技能証明（上級滑空機）取得 ・2019年：操縦教育証明（滑空機）取得
私の空の飛び方：	仕事やレジャーで空を飛ぶパイロットの方が多いと思いますが、私は大会での競技飛行に向けた練習をメインにしています。部活動の合宿がなく、バイトもなければバイクでツーリングに行ったり、ドライブしたり、趣味のキャンプに興じていたりします。基本的にアウトドア派で、休日家にいることは少ないです。
飛行ブランク期間とその理由：	飛び始めてから今のところ3ヶ月以上フライト期間が空くことはありませんでした。ですが、来年度大学を卒業した後はなかなか飛びに行くのが難しくなっていくのではないかと思います。
思い出深いフライトや出来事：	・ファーストソロ。 ・全国大会で、最終日に6位から逆転優勝したときのフライト！このフライトを超えるいいフライトはもうできないんじゃないかと思っています。 ・50キロメートルTRYに成功したフライト。景色が綺麗でした。 ・あんまりよくないことなんですが、飛んでいるときに機体トラブルが発生したフライトはある意味忘れられません（笑）
空を目指す後輩へのメッセージ：	パイロットになりたいという気持ちを持つ人は多いと思います。でも、その目的が旅客機の機長になりたいのか、単純に空を飛びたいのか、はたまたブルーインパルスのような曲技飛行をしたいのか、明確になっている人は少ないのではないのでしょうか。私はもともと旅客機のパイロットに興味を持ち空の世界に飛び込みましたが、今はグライダーで自由に空を飛べることで満足していて、職業までパイロットにしたいという気持ちはありません。空の世界とひとえに言っても、その中で求められるスキルや得られるものは大きく違うので、自分が追い求めるパイロット像はどんなものなのかをはっきりさせることが大切だと思います。そして、「とりあえず空を飛んでみたい！」、「エアスポーツとしてのパイロットに興味がある！」という方には、グライダーの世界を自信をもっておすすめします（笑） 　今までの人生の中で一番大変だったと胸を張って言えるのが教育証明の取得です。私は勉強は大嫌いですが、あの時だけは全力で勉強していました（笑）勉強も大変でしたが、なんといっても航空局の試験官の方と行う学科の時間が本当に苦しく、その日の夜は冗談抜きでご飯がのどを通りませんでした、、、ただ、あの苦しさを経験したからこそ教官としての自覚が芽生えたとも思うので、非常に大切な経験だったと今となっては実感しています。

第6章　グライダーの自家用操縦士を取得する方法

質問. 飛行訓練はどのように始めるの？

日本全国には約40箇所の滑空場があります。すべてがそうとは限りませんが、滑空場の良いところはコンクリートなどの舗装滑走路ではなく、芝生状の滑走路であることです。四季それぞれに、滑空場の表情は変化します。例えば、春には菜の花が咲き誇り、夏には緑の芝生が一面に広がり、秋にはススキが生い茂り、冬には茶色の大地が姿を現します。春には菜の花を摘んで、菜の花のお浸しを作るのが恒例な飛行会員もいます。

まず、飛行訓練を始める前に、機体を保有している団体を探して体験搭乗することをおすすめします。本当に空を飛びたいのか、グライダーで空を飛びたいのか、その場所で訓練したいのか、自身の心の声に耳を傾けます。滑空場がある場所は辺鄙な場所が多いため、飛行訓練を本格的に始める場合は自宅から通いやすい場所を探すのが一番かもしれません。

長野県・霧ヶ峰滑空場の風景

親子で訪問しに来た学生の機体見学の様子

あらゆる世代が集まる飛行活動

グライダーのレリーズへの曳航索取り付け

決心がついたら「飛行会員」になります。（参照：表6-1はNPO法人学生航空連盟の場合の料金体系）そして、航空身体検査指定機関の病院に行き「第二種航空身体検査」を受診します。そうすると、複座機の前席で操縦練習し、ログブック（飛行日誌）にフライト時間を記録できるようになります。検査の当日は、印鑑、使用メガネ、学校や会社で受けた過去に受診した身体検査結果などを持参するよう病院から指示があります。そして、以下の書類を用意して、国土交通省航空局に申請書類を送り「航空機操縦練習許可書」を発行してもらいます。練習許可書は申請から約2週間後に到着します。時期によっては航空身体検査が混んでいて予約できずに、思い立ってから練習許可書が届くまでに約1.5〜2ヵ月間掛かる場合もあります。飛びたいと思い立ったら早め早めに準備することが、最初のモチベーションを保つコツです。

◎航空機操縦練習許可書の申請に必要なもの

・検査適合が記載された航空身体検査の診断書
・本籍記載の住民票1枚
・証明写真（縦3センチメートル×横2.5センチメートル、
　申請時より6ヵ月以内撮影のもの）2枚
・手数料1,350円分の郵便小為替
・返信用封筒（宛先記入 切手貼付）

表6-1 NPO法人学生航空連盟の飛行会員料金体系（2020年時点）

<table>
<tr><td colspan="11">学生航空連盟正会員</td></tr>
<tr><td>年会費</td><td colspan="10">飛行会員</td></tr>
<tr><td rowspan="9">¥10,000</td><td>区分a</td><td>no</td><td>区分b</td><td>区分c</td><td>月額</td><td>年額</td><td>機材費（年）</td><td>機体</td><td>搭乗費/時間</td><td>曳航費/回</td></tr>
<tr><td rowspan="4">月額制搭乗費</td><td>①</td><td rowspan="2">学生</td><td>練習許可書</td><td>¥10,000</td><td>¥120,000</td><td rowspan="4"></td><td rowspan="4">PW6
PW5
Discus</td><td rowspan="4" colspan="2"></td></tr>
<tr><td>②</td><td>技能証明</td><td>¥15,000</td><td>¥180,000</td></tr>
<tr><td rowspan="2">③</td><td rowspan="2">社会人</td><td>練習許可書</td><td>¥20,000</td><td>¥240,000</td></tr>
<tr><td>技能証明</td><td>¥20,000</td><td>¥240,000</td></tr>
<tr><td rowspan="4">時間制搭乗費</td><td rowspan="4">④</td><td rowspan="4">区分無</td><td rowspan="4" colspan="3"></td><td rowspan="4">¥60,000</td><td>PW6</td><td rowspan="2">¥3,000</td><td rowspan="4">¥1,000</td></tr>
<tr><td>PW5</td></tr>
<tr><td>Discus</td><td>¥4,500</td></tr>
<tr><td>個人機</td><td></td></tr>
</table>

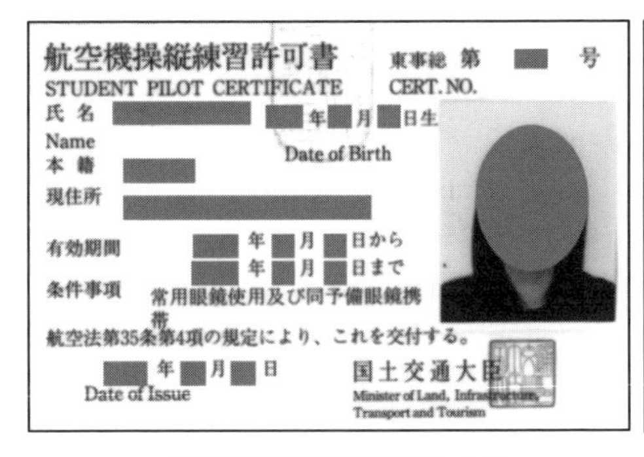
航空機操縦練習許可書　東事総 第　号
STUDENT PILOT CERTIFICATE　CERT. NO.
氏名　年　月　日生
Name　Date of Birth
本籍
現住所
有効期間　年　月　日から
年　月　日まで
条件事項　常用眼鏡使用及び同予備眼鏡携帯
航空法第35条第4項の規定により、これを交付する。
年　月　日　国土交通大臣
Date of Issue　Minister of Land, Infrastructure, Transport and Tourism

航空機操縦練習許可書（表）

教官証明事項（単独飛行の技能のあることの証明）

種類	等級	型式	認定年月日	氏名	認印
滑空機					
滑空機					
滑空機					
滑空機					
滑空機					

航空機操縦練習許可書（裏）

教官との同乗訓練

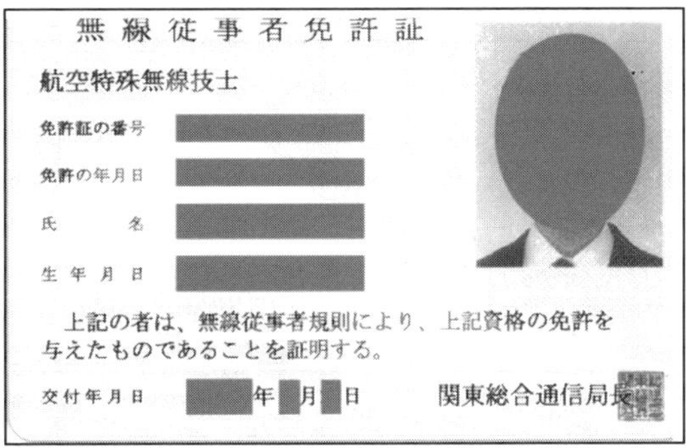
無線従事者免許証
航空特殊無線技士
免許証の番号
免許の年月日
氏名
生年月日
上記の者は、無線従事者規則により、上記資格の免許を与えたものであることを証明する。
交付年月日　年　月　日　関東総合通信局長

航空特殊無線技士の免許証

練習許可書が届いたら、もれなく「教官」と一緒に複座機で操縦できます。目標や到達点は異なりますが、訓練生はソロフライト（単独飛行）や自家用操縦士の資格取得を目指して操縦技術向上に努め訓練を重ねます。ソロフライトに出るまでには、無線で会話できるように総務省の「航空特殊無線技士」（航空無線通信士でも可）の試験を受験し、合格しておく必要があります。

自家用操縦士の資格取得を目指す場合は、フライトを楽しみながら同時並行で、年に3回行われる学科試験で4科目合格（航空気象、航空工学、航空法規、空中航法）を目指します。一度に4科目合格が望ましいですが、24ヵ月有効なのでその間に落とした学科を狙います。この24ヵ月以内に実地試験に合格しないと全てが白紙に戻ります。学科試験の受験申し込み期間は約10日間しかないので要注意です。また、航空局指定の技能証明申請書類（学科申請セット第19号様式）があるので、事前に購入して書類を揃えます。（※必要書類一式は国土交通省「申請書類/技能証明申請」や鳳文書林出版販売のウェブサイトを確認！）受験当日には、航空局から郵送される受験票に写真を貼り付けたものを持参します。

訓練生の「航空機操縦練習許可書」の有効期限は1年です。有効期限が切れてしまうと、せっかく滑空場に来てもログブックにフライト時間を記録できなくなってしまいます。訓練を続ける際、航空身体検査を受診してから許可書が届くまでに約1ヵ月掛かることを見越して、練習許可書の有効期限を確認しながら航空身体検査を予約することをおすすめします。自家用操縦士の資格を取得する場合、何回か練習許可書を申請する場合が多いです。モチベーションを維持して訓練を乗り越えるために、巻末の付録をぜひご活用してください。

質問. 自家用操縦士の資格を取得するまでの道のりは？

複座機でソロフライトに出たら、しばらくは何も考えずにフライトを楽しむのも良いでしょう。複座機で十数回、あるいは教官が大丈夫と判断したら、単座機に移行します。複座機と単座機では機体の特徴やコックピット内の飛行計器の位置が異なるので、地上に駐機された滑空機に座り込み、新しい操縦環境に慣れ親しみます。単座機での飛行を楽しみ以下の条件をすべて揃えると、「口述試験」と「実技試験」で構成される自家用操縦士の「実地試験」を受験することができるようになります。教官と相談しながら実地試験の準備を進めます。航空局指定の技能証明申請書類（技能証明申請セット第19号の2様式）や航空経歴書（滑空機）といった書類は、受験希望月の前月15日までに、学科試験に合格した地方航空局に提出し、正式に「受理」される必要があります。申請書類は郵送ではなく、航空局の窓口に直接訪れ、書類の修正などのやり取りを重ねると安心です。（※必要書類一式は国土交通省「申請書類/技能証明申請」や鳳文書林出版販売のウェブサイトを確認！）

◎自家用操縦士の実地試験申請の条件

- 第二種航空身体検査
- 航空機操縦練習許可書
- 総務省の無線免許証
  - -航空無線通信士（事業用以上、または国際通信が必要な国際パイロット）
  - または
  - -航空特殊無線技士（日本国内限定）
- 学科試験4科目合格　（航空気象、航空工学、航空法規、空中航法）
- 日本の自家用操縦士技能証明（上級滑空機）に必要な飛行経歴（*1）

  単独操縦による3時間以上の滑空を行ったこと。ただし、飛行機について操縦者の資格に係る技能証明を有する時は、曳航による15回以上の単独操縦による滑空を行ったこと。

  （一）曳航による30回以上の滑空

  （二）失速からの回復方法の実施

自家用操縦士の資格を取得するには、日本国内では少なくとも三つ方法があります。一つ目は、今までの説明にあったように飛行クラブに飛行会員として入会する方法です。二つ目は、航空部（グライダー部）をもつ全国59校の大学（専門学校1校、高校1校含む）が加盟する日本全国8箇所にある「指定養成」の訓練所に入所する方法です。指定養成の訓練所で飛ぶためには条件もあるため、入会は「入所」と呼ばれています。また、加盟している大学の入学が必須です。大学によって搭乗訓練開始年齢が異なるので確認しましょう。例えば、飛行クラブで実地試験を受験する場合は、航空局から滑空場に試験官が来ますが、指定養成所の場合は実技試験が免除されます。指定養成では国から指定された内容の操縦教育を実施し、教育内容、教官、審査には厳しい規定があることが特徴です。最後に三つ目は、公益社団法人日本滑空協会の「指定養成所」の訓練所に入所する方法です。

質問. 資格取得後はどのように空を楽しむの？

いよいよ、自家用操縦士となりました。パイロットの資格は原則、一回合格したのであれば国内外で一生有効となります。しかし、自家用操縦士でも定期的な「操縦技能」の確認が必要となります。身体を壊したり、何年も飛んでない自動車のペーパードライバーみたいな状態になったりしてはとても危険です。日本では、（1）年齢などによって有効期間が異なる定期的な「航空身体検査の義務」と（2）定期的な操縦技量の維持の証明である「特定操縦技能審査」（知識審査、飛行前作業審査、実技審査）を受けることが2014年から求められています。審査の有効期間は原則2年以内です。

グライダー飛行は、実は自家用操縦士の資格を取得しなくても、練習許可書だけでも十分に楽しめます。家族や友人との体験搭乗、ソロフライトまでの教官との同乗飛行、滑空場から9キロメートル圏内の単独飛行、飛行機曳航やウィンチ曳航での異なる離陸方法での飛行、同乗訓練でのアクロバット飛行を経験することもできます。日本国内では雄大な自然を堪能できる北海道・滝川や日本のグライダー発祥の地である長野県・霧ヶ峰で飛ぶことも一つの楽しみ方です。霧ヶ峰はドイツのグライダー発祥の地であるワッサークッペに匹敵する飛行環境だと言われています。練習許可書だけでも十分空を楽しめますが、自家用操縦士の資格を取得することで広がる可能性もたくさんあります。例えば、海外でフライトする場合も、その人が自国で技能証明を取得しているか否かはその人の操縦技能の信用にもつながります。（ただし、現地でも教官が技能を確認するチェックライドなどがあります）

そして、なんと言ってもグライダーの醍醐味は長距離のクロスカントリー飛行です。なかにはファーストソロに出た時点で飛ぶのを辞めてしまい、クロスカントリー飛行の魅力を知らずに辞めてしまうパイロットも少なくありません。その一方、グライダーの世界にどっぷりハマり、クロスカントリー飛行に限らず、記録を目指すバッジ飛行、エンジン付きのモーターグライダーによる飛行、オンラインコンテスト参加の飛行、競技飛行、山岳波でのウェーブソアリング、アクロバット飛行、教官を目指す人もいます。グライダーの整備資格やグライダーの曳航機パイロットに目覚める人もいます。オーストラリアでは、巨大回転雲モーニンググローリー（「朝顔」の意）という雄大な気象現象のなかを飛ぶグライダーパイロットなどもいます。空は魅力にあふれています。

グライダーの曳航機

グライダーの飛行前点検

第７章　はじめの一歩

質問. 空を飛びたい！どう動き出せば良いの？

いざ空を飛びたいと思い立っても、なにから手をつけて良いのか戸惑うこともあるかもしれません。その時はぜひこの絵を参考にしてください。鉄は熱いうちに打ちましょう！行動に移すか移さないかが、「空を飛びたい！」の夢を叶えられるか否かの最初の分岐点です。空を飛ぶことを最後まであきらめないでください。

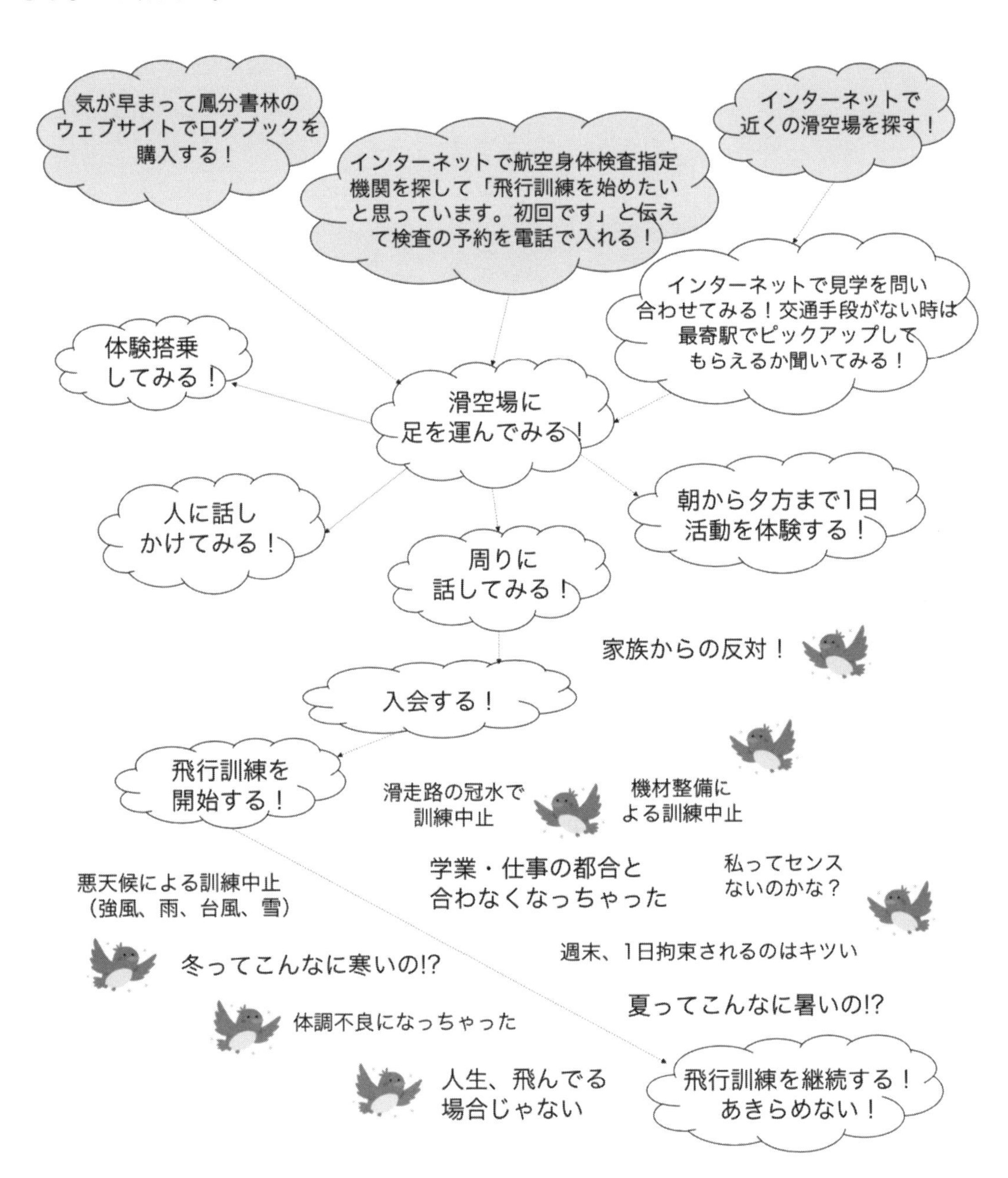

質問. 学科試験はどのような内容なの？

滑空機の自家用操縦士の学科試験では、航空法規、航空工学、航空気象、空中航法 の4科目が問われます。航空医学に関する知識などは、空中航法の科目に含まれます。最後に、それぞれどんな問題が出題されているか確認してみましょう。学科試験の過去問と解答は国土交通省航空局（JCAB）ウェブサイト（https://www.mlit.go.jp）の「航空従事者等学科試験解答及び過去問」で、無料で入手することが可能です。

航空法規 - 自家用操縦士（上滑）（平成28年11月期）

3,000m未満の高度で管制区、管制圏及び情報圏を飛行する航空機に適合する有視界気象状態の条件で誤りはどれか。
(1) 飛行視程が5,000m以上であること
(2) 航空機からの垂直距離が上方に300mである範囲内に雲がないこと
(3) 航空機からの垂直距離が下方に300mである範囲内に雲がないこと
(4) 航空機からの水平距離が600mである範囲内に雲がないこと

自家用操縦士の技能証明を有する者が行える業務の中で、正しいものはどれか。
(1) 報酬を受けて、航空機使用事業の用に供する航空機の操縦を行うこと
(2) 報酬を受けないで、航空運送事業の用に供する航空機の操縦を行うこと
(3) 報酬を受けて、無償の運航を行う航空機の操縦を行うこと
(4) 報酬を受けないで、無償の運航を行う航空機の操縦を行うこと

航空工学 - 自家用操縦士（上滑）（平成29年3月期）

エア・ブレーキ(ダイブ・ブレーキ、スポイラー)について正しいものはどれか。
(1) 主翼に装備され、抗力を増大し揚力を減少させる。
(2) ラダーペダルを両足で踏み込むことにより作動させる。
(3) 離陸中止時や着陸接地後にだけ使用できる。
(4) 滑空比を変えず速度だけを減らすことができる。

滑空機に装備されている操縦装置及び操作装置の色識別の組み合わせで誤りはどれか。
(1) 曳航離脱装置 ：白
(2) エア・ブレーキ ：青
(3) 縦のトリム ：緑
(4) キャノピー投下装置 ：赤

航空気象 - 自家用操縦士（上滑）（平成29年7月期）

サーマルについて誤りはどれか。
(1) 砂地や岩石の多いところはサーマルが発生しにくい。
(2) 地表面の熱特性が同じでも、平地と斜面でサーマルの発生の度合いが異なることがある。
(3) サーマルの発生は晴天日の昼下がりの時間が最も多い。
(4) サーマルは上昇中、風下に傾斜する。

運航用飛行場予報(TAF)で使用される変化指示符BECMGの説明で、正しいものはどれか。
(1) 気象状態の一時的変化が頻繁に、または時々発生する場合に使用される。
(2) 変化した時間が1時間以上続き、再び変化前の気象状態に戻る場合に使用される。
(3) 重要な天気現象が終息すると予想される場合に使用される。
(4) 変化のはじまる時刻から終わる時刻内に規則的に、またはこの期間内のある時刻に不規則に変化し、その後は変化後の状態が続く場合に使用される。

空中航法 - 自家用操縦士（上滑）（平成29年11月期）

縮尺50万分の1の航空図において1cmの距離は実際には何キロメートルか。
(1) 2.5キロメートル
(2) 5.0キロメートル
(3) 25キロメートル
(4) 50キロメートル

毎時90キロメートルの速度で滑空比30の滑空機が、静穏な大気中を同速度で4.5キロメートル滑空する場合、失う高度で正しいものはどれか。
(1) 100メートル
(2) 150メートル
(3) 300メートル
(4) 450メートル

ファーストソロの喜びを！
First solo soak !

参考文献

第1章：

(1) 『まず歩きだそう　女性物理学者として生きる』、米沢富美子、岩波ジュニア新書、2009年

(2) "Extreme Skydiving", Rob Waring, National Geographic, 2009

第2章：

(1) 『航空法（令和元年7月19日現在）』、航空法施行規則第四十三条

(2) 『航空法（令和元年7月19日現在）』、航空法施行規則第五条の三を参照し、簡易化

(3) 人口推計、2018年5月 アメリカ合衆国国勢調査局

(4) 『数字でみる航空 2019』、監修：国土交通省航空局、発行：一般財団法人 日本航空協会、令和元年10.1発行

(5) 人口推計、2020年4月 総務省統計局

(6) Oldest Active Fighter Pilot, Guinness World Records, 2018

(7) Oldest Active Pilot Ever, Guinness World Records, 2007

(8) 『航空法（令和元年7月19日現在）』、航空法第三十一条、第三十二条

(9) 2018年10月1日時点でのデータ、『数字でみる航空 2019』、監修：国土交通省航空局、発行：一般財団法人 日本航空協会、令和元年10.1発行

(10) Able Flight at Purdue University: Case Studies of Flight Training Strategies to Accommodate Student Pilots with Disabilities, Wesley L. Major, Raymart R. Tinio, Sarah M. Hubbard (Purdue University), Collegiate Aviation Review International, 2018

第3章：

(1) Glider Flight Training Application in Turkish Air Force, Goksel Keskin*, Hasim Kafaki**, Seyhun Durmus***, Selim Gurgen*, Melih Cemal Kushan* ,*Eskisehir Osmangazi University, Turkey, **Mugla Sitiki Kocman University, Dalaman School of Civil Aviation, Mug˘la, Turkey, *** Balikeser University, Edremit School of Civil Aviation, Balikesir,Turkey, DOI: 10.19062/2247-3173.2019.21.3

(2) Why Flying Gliders Makes Safer Pilots, Soaring gets more people involved in flying and turns out pilots with outstanding stick-and-rudder skills, Murry I. Rozansky, Updated December 22, 2016

(3) Glider add-on: glider training opens up a new world to powered-airplane pilots. It can build skills you'll be grateful for if the engine quits. Did we mention it's also a lot of fun? (AIRMANSHIP), Sue Folkringa, Aviation Safety, Vol.32 No.9 p.13, 2012

(4) From Eagle's Nest to Soaring High in the Skies A Discussion of the Value, Training & Future of the Australian Air Force Cadets, and a Short History of the Broader Cadet, Movement in Australia, Flying Officer Gary Martinic Australian Air Force Cadets, Jan 2016 online edition

(5) Attitudes Toward Flight Safety at Regional Gliding School (Atlantic), The University of New Castle, Australia, BSc (Aviation): Directed Study Report, 'A directed study presented in fulfillment of AVIA314 course requirements', Author: Supervisor: Co-Supervisor: John W. Dutcher, Ms. Kirstie Carrick, Dr. Steven M. Smith (St. Mary's University, Canada), November 2001

(6) Air Force Cadets love German Gliders, Elke Fuglsang - Petersen

(7) End of an era for Academy's gliders, Amber Baillie, Air Force Academy Public Affairs, July 27, 2012

(8) 滑空場の合計数、Soaring Society of America

(9) Quora Why is glider flying so popular in Germany

(10) free flight・vol libre 2/91 Apr–May

第4章：

(1) F-15 Eagle Fighter Jet, HISTORY Channel

(2) Jenkins, Dennis R., Space Shuttle: Developing an Icon – 1972–2013, Specialty Press, 2016

(3) Sailplanes & Gliders, Media Background, Media Guide to Sailplanes & Gliders by United States Soaring Teams, Last Update August, 2004

第5章：

(1) Treading on Thin Air -Atmospheric Physics, Forescenic Meteorology, and Climate Change: How the Weather Shapes Our Everyday Lives-, Elizabeth Austin PhD, Pegasus Books, 2016

(2) Flying Magazine, Perlan 2 Glider Continues Record-Breaking Mission, Pia Bergqvist, August 21, 2018

(3) perlanproject.org, So Many Perlan "Firsts", 2018

(4) 慶應義塾大学グローバルCOEプログラム「環境共生・安全システムデザインの先導拠点」、平成23年度研究成果報告書、水上離発着式宇宙往還機ビジネスモデルの研究、醍醐将之、p.246-249

第6章：

(1) 『航空法（令和元年7月19日現在）』、航空法施行規則 別表第二

謝辞

「日本には航空関連の専門書や操縦の方法を教える教科書はたくさんあるけど、じゃあ何歳から、実際にどれくらいの費用が掛かって、どうやったら空を飛べる環境に出会えるか、国内外のパイロットの育成方法や航空文化の違いを解説している本ってないよね。パイロットになれると謳う本があっても結局実態が分からない。なぜなら解説しているのが、プロのパイロットとしての入り口のものがほとんどだから。世界ではグライダーも認知度が高くてリスペクトされているけど、日本ではそもそもグライダーを知っている人が少ない。飛べる環境も機体も身近にあるのに、空を飛ぶことは手の届かない世界だと思われている」という話から、筆者と監修者が意気投合して取り組んだのが本書です。監修者の「学生だった頃の30年前から日本の飛ぶ環境はさほど変わっていない。俺も30年前にこんな本が欲しかった。これから何十年もおそらく飛ぶ環境の本質は変わらないはず」、筆者の「プロまたはアマチュアパイロットに限らず、こんなにも魅力的な空の世界があることを知ってもらいたい」という想いが一致しました。本書には、日本のジェネラルアビエーションの底上げとなり、これから空を目指す次世代パイロットには今まで先人が到達できなかった高みまで到達して欲しい、本書が読者の羅針盤となって欲しいという願いが込められています。

　まず、この場をお借りして、筆者を操縦の世界に導いてくださり、飛行訓練を続けるなかで約10年間にも亘り励まし続け、また、本書の全体構成についてアドバイスしてくださり、オーストラリアの訓練環境など長年のご経験からの知識と情報をご提供してくださった監修者の醍醐将之様に心より感謝申し上げます。

　また、プロやアマチュアパイロットに限らず、先輩パイロットの声としてご協力いただいた合計76名のパイロットの方々なしには本書は完成しませんでした。先輩パイロットの声を集めるにあたっては、赤星珪一様、安藤大輝様、小川昌義様、須賀武郎様、永冨一男様、湊宣明教授、柳井健三様、岡山航空株式会社の寺岡伸二社長にもご協力頂きました。みなさまに、幾重にも御礼申し上げます。鳳文書林出版販売の青木孝社長をご紹介して頂いた赤星珪一様、航空留学前にアドバイスをくださった内海雄紀様、フロリダの航空留学で筆者を救ってくださったJohn Freeman様には、重ねて厚く御礼申し上げます。

　さらに、鳳文書林出版販売の青木孝社長、表紙の推薦文にご協力して頂いた室屋義秀様、Pathfinder株式会社の小嶋政輝様、ご関係者の稲葉裕之様にも大変お世話になりました。

　最後に、今まで筆者に航空機や人生の操縦をご指導してくださった、奈良修一教官、田口忠雄教官、逸見浩也教官、鈴木俊行教官、丸山雄一郎教官、三輪仁教官、坂上明子教官、監修者と筆者を最初に引き合わせてくれた狼嘉彰教授、契約更新のタイミングで航空留学に行く機会をくださった神武直彦教授、海外でお世話になった教官や試験官9名、フライトスクールのオーナー、受付係、営業担当、整備士、燃料補給担当などの縁の下の力持ちの方々、そして、約10年間ほとんど毎週日曜日、楽しく豊かな時間を一緒に過ごしたパイロット仲間にお礼を伝えたいと思います。

　人生、できるだけ長く健康に、安全に飛び続けられることを願って。明日は晴れるかな？

付録：自家用操縦士（上級滑空機）までの訓練管理表（表）（年間スケジュール　2020年時点）

	1月	2月	3月	4月	5月	6月	7月	8月	9月	10月	11月	12月
第2種航空身体検査（通年）	←※病院の混雑も予想されるため、検査を受けたい1.5ヶ月前以上に予約を入れると安心→											
航空特殊無線技士（年3回）		★ 平日または土曜開催		☆ WEB 申請受付 1日-20日		★ 平日または土曜開催		☆ WEB 申請受付 1日-20日		★ 平日または土曜開催		☆ WEB 申請受付 1日-20日
航空無線通信士（年2回）		★ 2日間に亘って開催				☆ WEB 申請受付 1日-20日		★ 2日間に亘って開催				☆ WEB 申請受付 1日-20日
学科試験（年3回）	☆ 郵送 申請受付 約10日間	★ 土曜または日曜開催			☆ 鳳文書林より 申請書購入	☆ 郵送 申請受付約10日間	★ 土曜または日曜開催		☆ 鳳文書林より 申請書購入	☆ 郵送 申請受付 約10日間	★ 土曜または日曜開催	☆ 鳳文書林より 申請書購入
実地試験（通年）	←※受験希望月の前月15日（必着）に、学科試験に合格した地方航空局に実地試験申請書類を提出→											

※無線資格は航空特殊無線技士または航空無線通信士のいづれかをソロフライト前に取得。それぞれに約3日間、約2週間の有料の養成課程も存在。
※自家用操縦士に必要な飛行経歴
　単独操縦による3時間以上の滑空を行ったこと。ただし、飛行機について操縦者の資格に係る技能証明を有する時は、
　曳航による15回以上の単独操縦による滑空を行ったこと。
　（一）曳航による30回以上の滑空
　（二）失速からの回復方法の実施
※技能証明等の各種申請手続（学科試験・実地試験）に必要な書類は鳳文書林出版販売WEB（ http://www.hobun.co.jp/ginou/ ）で確認。

付録：自家用操縦士（上級滑空機）までの訓練管理表（裏）

航空機操縦練習許可書（有効期限1年）		航空特殊無線技士または航空無線通信士（生涯有効）	学科試験（合格通知日から有効期限2年）	科目（合格・不合格・免除）			
有効期限	番号	交付年月日	合格通知日	気象	工学	法規	航法
（記入例）2015年8月5日-2016年8月4日	東事総　第398号	2012年9月20日	2015年12月2日	合	合	合	合
2016年7月20日-2017年8月4日	東事総　第399号						

※操縦練習許可書は申請から届くまで約2週間掛かるため、航空身体検査は有効期限が切れる約1.5ヶ月前に予約すると安心。

メ モ

メ　モ

メ　モ

監修・著者紹介

醍醐 将之（だいご　まさゆき）
1968年5月22日生。
“空”と“水中”のPro-Amphibian（プロの両生類）。アメリカ航空宇宙学会（AIAA）会員。日本航空宇宙学会会員。野村総合研究所出身の異色キャリア。慶應義塾大学大学院システムデザイン・マネジメント研究科後期博士課程単位取得。
16歳からフライト。全日本高等学校滑空選手権大会3年連続出場。事業用操縦士であり、スキューバダイビングインストラクター、日本国潜水士でもある。航空宇宙（日本独自方式宇宙往還機マスタープラン）のフライトシステム及び、ヒューマンファクター分析、そしてリスク管理（東日本大震災 3.11後サルベージ参加経験有り）を研究。更にリスク管理をビジネスに活かしたビジネスリスク管理コンサルタントとしても活動。

岩澤 ありあ（いわさわ　ありあ）
1988年1月17日生。
聖心女子学院高等科卒業。慶應義塾大学理工学部物理学科に進学、電波天文学を専攻。同大学大学院システムデザイン・マネジメント研究科修了。
三菱電機株式会社鎌倉製作所勤務を経て、現在は同大学院にて宇宙利用を通じた人材育成プロジェクトや小中学生に研究の面白さを知ってもらう教育活動に研究員として従事。
仕事の傍ら、趣味でグライダー、飛行機、スカイダイビングを楽しむ。企画翻訳にデビッド・ミンデル著『デジタルアポロ - 月を目指せ 人と機械の挑戦 -』（東京電機大学出版局、2017年）。宇宙が分かる情報サイト『宙畑（sorabatake）』にて、アポロ11号の月面着陸50周年を記念する全14回にわたる連載企画を発表（2019年）。

令和２年 11 月 10 日　初版発行　　印刷　シナノ印刷

操縦のすすめ

上巻・グライダー編

監修：醍醐将之　著者：岩澤ありあ

発行　鳳文書林出版販売
〒 105-0004　東京都港区新橋３－７－３
Tel 03-3591-0909　Fax 03-3591-0709　E-mail info@hobun.co.jp
ISBN978-4-89279-459-9　C3550　￥1300E　　定価　本体価格　1,300 円＋税